Marion Umbach

Achromatische Röntgenlinsen

Achromatische Röntgenlinsen

von
Marion Umbach

universitätsverlag karlsruhe

Dissertation, Universität Karlsruhe (TH)
Fakultät für Maschinenbau, 2009

Impressum

Universitätsverlag Karlsruhe
c/o Universitätsbibliothek
Straße am Forum 2
D-76131 Karlsruhe
www.uvka.de

Dieses Werk ist unter folgender Creative Commons-Lizenz
lizenziert: http://creativecommons.org/licenses/by-nc-nd/3.0/de/

Universitätsverlag Karlsruhe 2009
Print on Demand

ISBN: 978-3-86644-419-5

Achromatische Röntgenlinsen

Zur Erlangung des akademischen Grades

Doktor der Ingenieurwissenschaften

der Fakultät für Maschinenbau

Universität Karlsruhe (TH)

genehmigte

Dissertation

von

Dipl.-Phys. Marion Umbach

aus München

Tag der mündlichen Prüfung: 16.Juli 2009

Hauptreferent: Prof. Dr. Volker Saile

Korreferent: Prof. Dr. Uli Lemmer

Für meine Familie.

Kurzfassung

Diese Arbeit liefert zur Entwicklung von Röntgenlinsen erste Ergebnisse für achromatische refraktive Linsen, die beispielsweise für wissenschaftliche Experimente an Speicherringen eingesetzt werden können.

Zunächst wurden die verschiedenen Anforderungen an achromatische Röntgenlinsen erarbeitet. Dabei handelt es sich zum einen um solche, die sich zum Einsatz an monochromatischen Quellen bei Variation der Energie eignen, und zum anderen um solche, die an breitbandigen Strahlrohren verwendet werden können. Durch Kombination von fokussierenden und defokussierenden Elementen konnten Linsensysteme entwickelt werden, die die chromatische Aberration einer refraktiven Linse reduzieren. Dabei liegt die Herausforderung – im Gegensatz zum sichtbaren Spektrum – im komplexen Brechungsindex, der sich bei den verschiedenen möglichen Linsenmaterialien im Röntgenbereich nur geringfügig unterscheidet.

Zur konkreten Betrachtung wurde ein numerischer Code entwickelt, der *via Raytracing* die Intensitätsverteilung eines chromatischen und eines achromatischen Systems in der Detektorebene untersucht. Darauf aufbauend konnten für das jeweilige Anwendungsgebiet Parameterkombinationen für verschiedene Linsensysteme gefunden werden.

Für die experimentelle Überprüfung konnte exemplarisch ein solcher Achromat entwickelt werden. Dieser basiert auf der Herstellung von SU-8 und Nickellinsen auf einem Wafer mithilfe des LIGA-Prozesses, wozu der Bau von SU-8 Linsensystemen innovativ erweitert werden musste. Im Experiment am Speicherring wurde die Energie innerhalb eines ausgewählten Energiebereichs durchgefahren und jeweils die Intensitätsverteilung bei einer bestimmten Brennweite detektiert. Dabei konnte für den Achromaten eindeutig eine Reduktion der chromatischen Aberration nachgewiesen werden.

Achromatische Röntgenlinsen – vor allem für den Einsatz an Speicherringen – waren bisher nicht im Fokus der Weiterentwicklung refraktiver Röntgenlinsen. Nach den vorliegenden theoretischen Studien konnte nun erstmals ein auf Refraktion basierendes Linsensystem entwickelt werden, das die chromatische Aberration signifikant verringert und die Fokalflecken in einem Energiebereich von ungefähr einem keV weitgehend angleicht.

Summary

This thesis presents first results on the development of achromatic refractive X-ray lenses which can be used for scientific experiments at synchrotron sources.

First of all the different requirements for achromatic X-ray lenses have been worked out. There are different types of lenses, one type can be used for monochromatized sources when the energy is scanned while the spot size should be constant. The other type can be used at beamlines providing a broad energy band. By a combination of focusing and defocusing elements we have developped a lens system that strongly reduces the chromatic aberration of a refractive lens in a given energy range. The great challenge in the X-ray case – in contrast to the visible range – the complex refractive index, which is very similar for the possible materials in the X-ray spectrum.

For precise studies a numerical code has been developped, which calculates the different rays on their way through the lenses to the detector plane via raytracing. In this numerical code the intensity distribution in the detector plane has been analyzed for a chromatic and the corresponding achromatic system. By optimization routines for the two different fields of applications specific parameter combinations were found.

For the exerimental verification an achromatic system has been developed, consisting of biconcave SU-8 lenses and biconvex Nickel Fresnel lenses. Their fabrication was based on the LIGA-process, including a further innovative development, namely the fabrication of two different materials on one wafer.

In the experiment at the synchrotron source ANKA the energy was varied in a specific energy range in steps of 0.1 keV. The intensity distribution for the different energies was detected at a certain focal length. For the achromatic system a reduction of the chromatic aberration could be clearly shown.

Achromatic refractive X-ray lenses, especially for the use at synchrotron sources, have not been developed so far. As a consequence of the present theoretical studies an achromatic refractive lens system could be developed for the first time. This lens system can reduce the chromatic aberration siginificantly. As a result the focal spot sizes can be made constant in an energy range of about one keV.

Inhaltsverzeichnis

Abbildungsverzeichnis

1. Einleitung

Lange Zeit wurden Röntgenlinsen als nicht herstellbar angesehen [31]. Diese Meinung wurde bereits bei der Entdeckung der Röntgenstrahlen 1895 durch Röntgen geprägt, der keine nennenswerte Ablenkung bei Röntgenstrahlen beobachten konnte [44]. Kirkpatrick und Baez bestätigten 1948, dass selbst viele Linsen eine unbrauchbar lange Brennweite hätten [20]. Erst mit der Einführung von Synchrotronquellen der dritten Generation wurden Anwendungsmöglichkeiten für solch lange Brennweiten von Suehiro *et al.* entdeckt [58]. Sie erkannten auch, dass durch die konkave Form, Strahlen, die von der optischen Achse weiter entfernt sind, stark absorbiert werden, und schlugen bereits eine Fresnelvariante vor. Trotz des kritischen Kommentars von Michette [31] wurden Nutzen und Herstellung von refraktiven Röntgenlinsen (auch in der Fresnelversion) 1993 ausführlich von Yang diskutiert [67].

Durch die stetige Entwicklung der Röntgenquellen und die starke Miniaturisierung von Bauteilen konnte, ein Jahrhundert nach der Entdeckung der Röntgenstrahlen, die Entwicklung von Röntgenlinsen beginnen. Tomie ließ sich 1994 die Idee patentieren [59], mit einer Reihe von in einen Aluminiumblock gebohrten Löchern Röntgenstrahlen zu fokussieren. Das zwischen den Löchern übriggebliebene Material hatte eine bikonkave Form, die das Röntgenlicht in eine Richtung fokussierte. Für zweidimensionale Fokussierung mussten zwei durchbohrte Blöcke senkrecht aneinandergereiht werden. Solche sogenannten *Compound refractive lenses (CRL)* konnten zwei Jahre später von Snigirev *et al.* [53] gebaut und getestet werden. Verschiedene Gruppen griffen nun die Idee auf, und so wurden die Röntgenlinsen durch Variation der Form, des Materials und des Herstellungsprozesses weiterentwickelt. Meilensteine waren dabei die Weiterentwicklung von einer zylindrischen zu einer parabolischen

Linsenform (bzw. von Kugeln zu Paraboloiden) durch Lengeler *et al.* [26,27], sowie die Entwicklung von Silizium- und Berylliumlinsen durch die Gruppen von Aristov und Schroer [1, 2, 46, 45] und schließlich SU-8- und Nickellinsen durch Nazmov *et al.* [35,36,37,38,39]. Die stark eingeschränkte Apertur von Röntgenlinsen, die durch die starke Absorption an den Randbereichen bedingt ist, gab Anlass zur erneuten Wiederaufnahme der Entwicklung von Fresnellinsen. Aristov *et al.* [3] konnten 2000 einen ersten Prototyp von konkaven Fresnellinsen herstellen, kurz darauf folgten mit anderen Materialien und Herstellungsprozessen 2001 Snigireva *et al.* [54], 2003 Evans-Lutterodt *et al.* [15] und 2004 Nazmov *et al.* [38]. Eine Weiterentwicklung von der von Cederström vorgestellten Prismenlinse [9,10,11] wurde 2004 von Jark *et al.* [16,17] vorgestellt, die als erste eine räumliche Auflösung nahe der Beugungsgrenze realisieren konnten [18].

Refraktive Linsen sind chromatisch. Bei einer rein fokussierenden Linse im sichtbaren Spektrum äußert sich die chromatische Aberration durch unterschiedliche Foki für unterschiedliche Wellenlängen bzw. durch einen Farbsaum in der Bildebene. Durch Einsetzen eines achromatischen Doublets kann dieser materialabhängige Farblängsfehler korrigiert werden. Auch im Röntgenspektrum ist die Brennweite energieabhängig, doch bei Röntgenlinsen ist der chromatische Fehler wesentlich größer als im sichtbaren Spektrum [60]. So kann mit einem rein bikonkaven Linsensystem nur eine Wellenlänge mit einer kleinen Bandbreite in eine bestimmte Bildebene fokussiert werden. Für ortsaufgelöste Anwendungen bei der Röntgenabsorptionsspektroskopie (XAS) oder bei Röntgenfluoreszenzspektroskopie Experimenten (XRF) wären achromatische Linsen besonders praktisch, weil die Energie schnell und kontinuierlich variiert werden soll, ohne dass sich der Fokus ändert. Ziel eines solchen Achromaten ist, für jede Energie eines ganzen Energiebereichs bei derselben Brennweite den gleichen Fokalfleck zu erzielen (siehe Abb. 1.1). So muss die Probe nicht bei jedem Energiewechsel erneut im Fokus ausgerichtet werden.

Neben Experimenten, bei denen die Energie relativ schnell und kontinuierlich variiert wird, ist ein weiterer Einsatz von Achromaten auch überall dort vorstellbar,

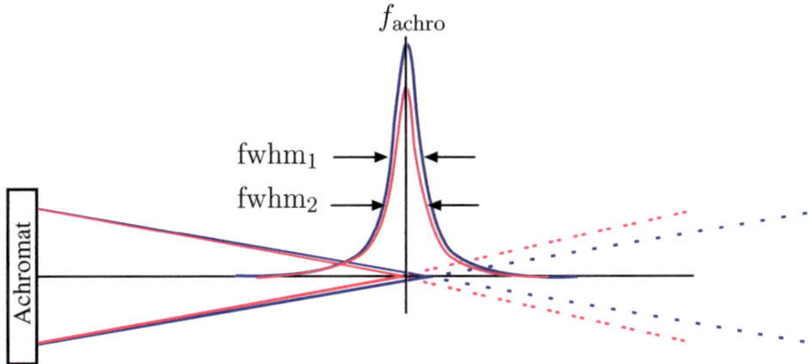

Abbildung 1.1.: Verringerung der chromatischen Aberration der einzelnen Energien. Die Halbwertsbreiten (fwhm$_1$ und fwhm$_2$) der Energien eines Energiebereichs bei einer gemeinsamen Brennweite f_{achro} ändern sich nicht.

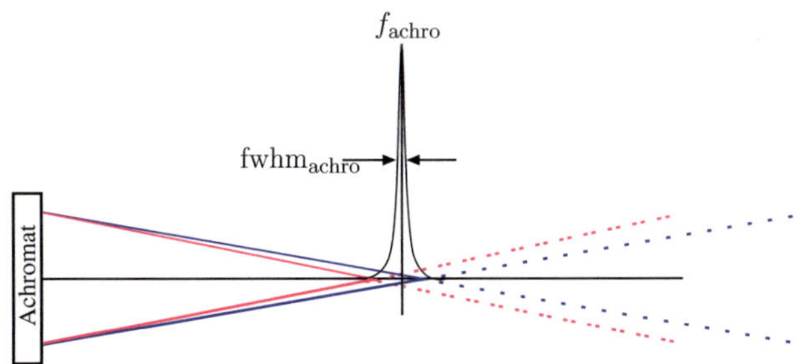

Abbildung 1.2.: Verringerung der chromatischen Aberration bei allen Energien. Die gemeinsame Halbwertsbreite (fwhm$_{\text{achro}}$) aller Energien eines Energiebereichs soll bei einem solchen Achromaten minimiert werden.

wo ein möglichst hoher Outputfluss gewünscht und monochromatisches Licht mit einer relativ breiten Bandbreite akzeptabel ist (z.B. bei SAXS[1] - Experimenten, bei denen ein sogenannter *pink beam* gefordert ist). Für einen optimalen Betrieb von herkömmlichen Linsen sind Bandbreiten von maximal $0,3\,\%$ erforderlich, die mit Doppelkristallmonochromatoren aus Si(111) problemlos erreichbar sind [19]. Monochromatisiert man breitbandiger, z.B. mit Multilayerspiegeln, erhält man einen größeren Outputfluss. Die dabei erzielten Bandbreiten gehen bis zu $10\,\%$. Da man mit den herkömmlichen Linsen jedoch eine chromatische Fleckvergrößerung erhält, könnten hier Achromate günstig eingesetzt werden. Um Achromaten für einen solchen Einsatz zu entwickeln, ist das Ziel, Bandbreiten von z.B. $2\,\%$, $5\,\%$ und $10\,\%$ auf einen möglichst kleinen Fokalfleck zu fokussieren, um so den *gain* zu maximieren (siehe Abb. 1.2). Die Halbwertsbreiten der einelnen Energien sind hier nicht relevant, solange die gesamte Halbwertsbreite kleiner wird als beim rein chromatischen System.

Ziel in dieser Arbeit war, die Realisierung von achromatischen Linsen für Röntgenstrahlung zu analysieren. Dabei lag der Schwerpunkt auf der theoretischen Analyse möglicher Lösungsansätze. Hierzu war es zunächst notwendig, verschiedene Lösungsansätze zu erarbeiten und diese auf ihre technologische Realisierbarkeit und ihre optische Funktion zu testen. Nach Parameter- und Materialstudien wurde das Analogon zum *achromatischen Doublet* (aus dem sichtbaren Spektrum) mit einer Kombination aus SU-8- und Nickellinsen umgesetzt, da es zum einen am Vielversprechendsten und zum anderen im eigenen Haus herstellbar war. Unter Berücksichtigung der herstellungsbedingten Randbedingungen, die sich aus dem LIGA-Prozess ergeben, wurde exemplarich ein solches Linsensystem realisiert und am Synchrotron getestet.

In Kapitel 2 wird zunächst ein kurzer Überblick über die relevanten Röntgenquellen, über Röntgenstrahlung und Synchrotronstrahlung gegeben. Außerdem wird auf die verschiedenen Möglichkeiten der Wechselwirkung von Röntgenstrahlung mit Materie eingegangen, und es werden verschiedene optische Geräte vorgestellt, die insbeson-

---

[1]**S**mall **A**ngle **X**-Ray **S**cattering

dere hinsichtlich ihrer chromatischen Eigenschaften diskutiert werden. Im folgenden Kapitel 3 werden Achromate eingeführt, und es werden mögliche Anwendungen noch einmal genauer erläutert und Realisierungsmöglichkeiten vorgestellt. Das Kapitel 4 hat die theoretische Umsetzung zum Thema. Nach analytischen Überlegungen werden die Randbedingungen der Simulation sowie das Programm diskutiert. Im Anschluss daran werden die Ergebnisse der Simulationen vorgestellt und diskutiert. Im darauf folgenden Kapitel 5 wird die Herstellung einer exemplarischen Linse beschrieben. Der experimentelle Test dieser Linse wird dann im vorletzten Kapitel 6 beschrieben und diskutiert, bevor die Arbeit mit einer Zusammenfassung und einem Ausblick in Kapitel 7 abschließt.

2. Röntgenstrahlen und Röntgenoptik

2.1. Entstehung der Röntgenstrahlung

Röntgenstrahlung liegt im elektromagnetischen Spektrum zwischen der extremen UV- und der Gammastrahlung. Dabei werden elektromagnetische Wellen mit einer Photonenenergie zwischen hundert eV und einigen keV als weiche Röntgenstrahlung bezeichnet. Strahlung im Bereich von zehn keV bis zu einigen hundert keV kann als harte Röntgenstrahlung, aber auch als Gammastrahlung bezeichnet werden. Der Übergang zwischen den verschiedenen Bereichen ist fließend, die Bezeichnung Gammastrahlung (ungefähr zehn keV bis mehrere MeV) und Röntgenstrahlung (bis einige hundert keV) überschneiden sich zum Beispiel in einem weiten Bereich. Die unterschiediedliche Bezeichnung resultiert meist aus der Entstehung. Elektromagnetische Strahlung in diesem Energiebereich, die durch Prozesse im Atomkern entsteht, wird gerne als Gammastrahlug bezeichnet, entsteht sie durch hochenergetische Elektronenprozesse wird sie Röntgenstrahlung genannt.

Auch Röntgenstrahlung selbst kann durch unterschiedliche physikalische Prozesse erzeugt werden. Die wohl technologisch bedeutendste Quelle ist die Bremsstrahlung, die durch Beschleunigung geladener Teilchen entsteht. Sie wird in Synchrotronquellen, freien Elektronenlasern (FEL) und Röntgenröhren erzeugt. Auch das Herausschlagen von Elektronen aus inneren Schalen eines Atoms im Anodenmaterial und die darauf folgende Auffüllung der Schale unter Strahlungsemission ist sowohl technologisch, als auch in verschiedenen Forschungsgebieten von großer Wichtigkeit. Dabei entsteht

Fluoreszenzstrahlung, oft auch als charakteristische Strahlung (z.B. in Röntgenröhren) bezeichnet. Es gibt noch weitere Entstehungsmöglichkeiten von Röntgenlicht, wie die inverse Comptonstreuung (Elektron überträgt Energie an das Photon), die Schwarzkörperstrahlung (bei extrem hohen Temperaturen), die induzierte Emission bei einem Plasmalaser oder Comptonstreuung bei astronomischen Objekten, auf die aber im Folgenden nicht näher eingegangen wird.

Die hier gewählte Einheit der Energie E in eV hat sich gegenüber der Wellenlänge λ durchgesetzt, da die meisten Röntgenquellen auf Beschleunigung von Ladung basieren. Die Größen sind invers proportional zueinander und können einfach umgerechnet werden:

$$E[eV] = \frac{hc_0}{\lambda} \tag{2.1}$$

Hier ist h das Plancksche Wirkungsquantum und c_0 die Lichtgeschwindigkeit. Im folgenden Abschnitt werden die oben aufgegriffenen Entstehungsarten von Röntgenstrahlen genauer beschrieben und die wichtigsten Röntgenquellen vorgestellt.

Charakteristische Strahlung (Fluoreszenzstrahlung)

Ein gebundenes Elektronen aus einer inneren Schale eines Atoms wird zum Beispiel durch einen Stoß angeregt. Das Loch wird durch ein Elektron aus einer äußeren Schale geschlossen, dabei wird Engerie entweder in Form von Röntgenstrahlung (siehe Abb. 2.1) oder als Augerelektronen frei. Die Energie der Röntgenstrahlung entspricht der Differenz der Energieniveaus der Schalen. Dadurch entsteht ein Linienspektrum, das von der Ordnungszahl des bestrahlten Elements abhängig ist. Die maximale Energie erhält man beim Übergang auf die innerste Schale (K-Schale), das heißt, dass die anregende Strahlung energiereicher sein muss, als die Ionisierungsenergie und somit auch als die entstehende charakteristische Strahlung.

Bremsstrahlung

Wenn ein freies geladenes Teilchen eine Geschwindigkeitsänderung (in Richtung oder Betrag) erfährt, dann emittiert es Strahlung. Dieser Emissionsprozess durch beschleunigte Ladung wird mit den Maxwellgleichungen beschrieben. Dies kann z.B. beim

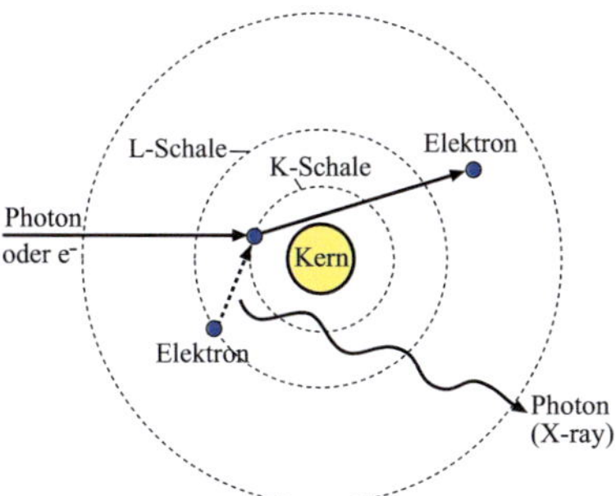

Abbildung 2.1.: Entstehung von charakteristischer Strahlung.

Abbremsen von Teilchen beim Auftreffen auf die Anode in Röntgenröhren passieren. Dabei werden Elektronen mit einer kinetischen Energie zwischen 10 und 100 keV auf eine Metallplatte (oft Wolfram, Molybdän oder Kupfer) geschossen. Die Elektronen werden abgebremst und die dabei freiwerdende kinetische Energie wandelt sich in Röntgenstrahlung mit einem kontinuierlichen Energiespektrum um.

Ein weiteres Beispiel ist die Beschleunigung geladener Teilchen z.B. an Synchrotronringen (siehe Abschnitt 2.2). Dabei werden geladene Teilchen durch ein Magnetfeld auf einer geschlossenen Kreisbahn gehalten. Die senkrecht zur Bewegungsrichtung wirkende Beschleunigung, die die Ladungen auf der Kreisbahn hält, führt zur Strahlungsemission. Durch die extrem hohe Geschwindigkeit bzw. Energie der Elektronen müssen hier auch relativistische Effekte berücksichtigt werden, die zu einer bevorzugten Emission der Strahlung in Flugrichtung der Elektronen führt.

2.2. Röntgenquellen

2.2.1. Synchrotronstrahlung

Bei Synchrotronquellen werden Elektronen (oder Positronen) mit nahezu relativistischer Geschwindigkeit auf einer Kreisbahn gehalten. Dabei werden elektromagnetische Wellen emittiert. Diese zeichnen sich vor allem durch ihr breites und kontinuierliches Spektrum aus, das vom IR- bis zum Röntgenbereich reicht und Synchrotronstrahlung genannt wird. In Speicherringen werden die geladenen Teilchen nicht weiter beschleunigt, sondern es wird lediglich der Energieverlust, der durch Abstrahlung und Stöße entsteht, ausgeglichen, um die Primärenergie der Teilchen und damit ihre Bahn konstant zu halten. Synchrotronstrahlung kann sowohl breitbandig (Ablenkmagnet, Wiggler), als auch als scharfes Spektrum (Undulator) erzeugt werden, in beiden Fällen strahlt sie in einem sehr kleinen Raumwinkel ab und ist deshalb besonders intensiv. AbewSie hat deshalb eine besonders hohe Brillianz (vor allem beim Einsatz von Undulatoren) und ist polarisiert.

Aufbau einer Synchrotronquelle

Freie Elektronen werden durch eine Glühkathode (siehe Abb. 2.2, 1) erzeugt und zuerst über eine elektrostatische Beschleunigungsstrecke und dann in einem Linearbeschleuniger (siehe Abb. 2.2, 2) auf nahezu Lichtgeschwindigkeit beschleunigt. Um die gewünschte Endenergie zu erreichen, werden die Elektronen in ein Booster Synchrotron (siehe Abb. 2.2, 3) geleitet. Dort erfahren sie durch ein synchronisiertes hochfrequentes elektrisches Wechselfeld einen *boost* (Schub) und werden auf ihre relativistische Endenergie gebracht. Dann werden sie durch Steuermagnete (siehe Abb. 2.2, 4) in den Speicherring geführt, in dem sie dank des Ultrahochvakuums mehrere Stunden überdauern können ohne durch Streuung aus der Bahn geworfen zu werden. Die Energie der Elektronen ist typischerweise im GeV Bereich. Ein Speicherring besteht aus Ablenkmagneten (Bending Magnets, siehe Abb. 2.4, a)), die die relativistischen Elektronen auf eine Kreisbahn zwingen und aus geraden Teilstücken. Auf diesen geraden Strecken können Magnetstrukturen, sogenannte *insertion devices* (siehe Abb. 2.4, b)), elektrooptische Komponenten oder Hochfrequenzkammern eingebaut werden. Mit diesen periodischen Magnetstrukturen, sogenannten Undulatoren und Wigglern, kann zusätzlich Synchotronstrahlung erzeugt werden.

Der Energieverlust der Elektronen durch die Emission von Synchrotronstrahlung wird in den Hochfrequenzkammern ausgeglichen. Hier werden die Elektronen mittels Radiowellen wieder auf ihre Umlaufenergie beschleunigt. Tangential von den Ab-

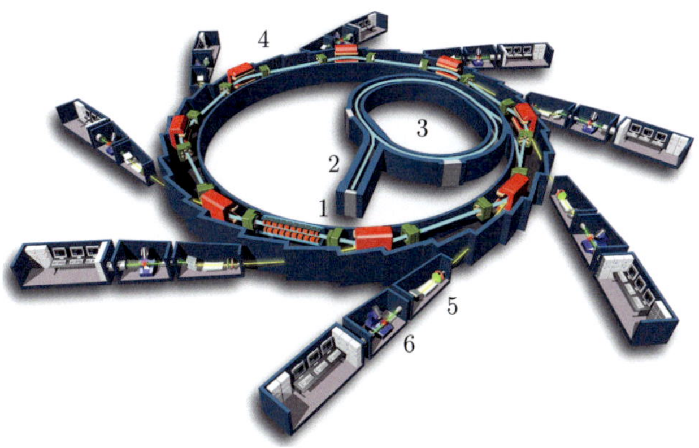

Abbildung 2.2.: Schematisches Bild des Elektronenspeicherrings *Soleil* in Frankreich
[56]. Beschreibung: 1 Elektronenkanone, 2 linearer Beschleuniger, 3
Booster, 4 Speicherring, 5 Strahlrohr, 6 Experimentierhütte

lenkmagneten, Wigglern oder Undulatoren gehen sogenannte Strahlrohre (siehe Abb.
2.2, 5) ab, in denen der Strahl vom Speicherring zu den Experimentierhütten (siehe
Abb. 2.2, 6), den experimentellen Endstationen des Synchrotronstrahls verläuft. Die
Größen, die den Unterschied zwischen den verschiedenen Röntgenquellen (Wiggler,
Undulatoren, Ablenkmagnete, aber auch Röntgenröhren) charakterisieren, sind der
Fluß F, das heißt die Zahl der Photonen, die pro Sekunde in einer gegebenen Band-
breite von 0.1% abgestrahlt werden, und die Brillianz B, die zusätzlich die Größe des
Primärstrahls $\sigma_{x,z}$ und die Strahldivergenz der Photonen $\sigma'_{x,z}$ berücksichtigt:

$$B = \frac{F}{4\pi^2 \sigma_x \sigma_z \sigma'_x \sigma'_z} \tag{2.2}$$

Die Entwicklung der Brillianz an verschiedenen Röntgenquellen ist in Abb. 2.3 ver-
anschaulicht. In dem Schaubild zeigt sich, dass durch die Weiterentwicklung der
Röntgenröhren in den ersten 70 Jahren des 20. Jahrhunderts die Brillianz nur um
ca. fünf Größenordnungen verbessert werden konnte. Mit den ersten Speicherringen
und deren Weiterentwicklung konnte innerhalb von wenigen Jahrzehnten die Brillianz

um das 10^{10}-fache gesteigert werden. Derzeit sind die Freien Elektronen Laser (FEL) mit einer Brillianz von bis zu $10^{33}\,\mathrm{Ph}/(\mathrm{s}\,\mathrm{mm}^2\,\mathrm{mrad}^2\,10^{-3}\,\mathrm{BW})$ die Rekordhalter (z.B. XFEL bei DESY).

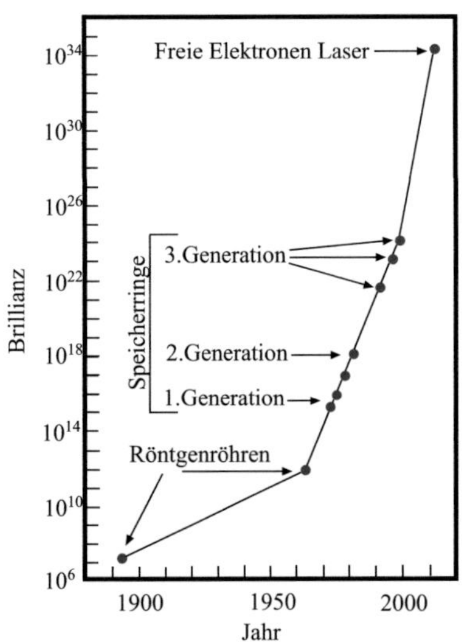

Abbildung 2.3.: Brillianz verschiedener Röntgenquellen.

Ablenkmagnete

Die Ablenkmagnete erzeugen ein konstantes und homogenes Diplomagnetfeld $\vec{B}$, das die Elektronen auf ihrer Kreisbahn hält. Dabei ist der Krümmungsradius r_{bm} der Elektronenbahn in einem Ablenkmagneten durch das Gleichgewicht von Zentrifugalkraft und Lorentzkraft gegeben:

$$\frac{\gamma m_e v^2}{r_{bm}} = e_0 |\vec{v} \times \vec{B}| \tag{2.3}$$

Die emittierte Strahlung eines Ablenkmagneten wird durch die relativistischen Effekte (Lorentz-Transformation) um einen Emissionswinkel $1/\gamma$ in vertikaler Richtung und um den Ablenkungswinkel α in horizontaler Richtung aufgeweitet (siehe Abb. 2.4).

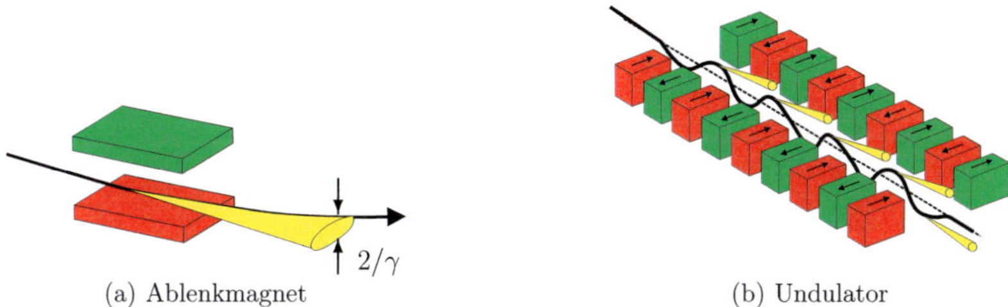

Abbildung 2.4.: Schematische Darstellung (a) eines Ablenkmagneten und (b) eines Undulators. In (a) ist der doppelte Emissionswinkel $2/\gamma$ durch die beiden Pfeile gekennzeichnet.

Insertion Devices

Wiggler oder Undulatoren sind sogenannte *Insertion Devices*. Sie werden in geraden Teilstrecken eingebaut und können zusätzlich Synchrotronstrahlung erzeugen. Mit periodisch angeordneten Dipolmagneten kann ein Teilchen auf eine sinusförmige Bahn gezwungen werden (siehe Abb. 2.4) und so Synchrotronstrahlung entlang der Bewegungsrichtung emittieren. Die Eigenschaften der erzeugten Strahlung kann man durch die benutzten Magnete verändern. In Wigglern werden starke Magnete und große Periodenlängen benutzt. Dadurch werden die Teilchen stark abgelenkt und man erreicht hohe Photonenenergien. Der maximale Ablenkungswinkel ist viel größer, als der natürliche Emissionswinkel $1/\gamma$ [23]:

$$\alpha_{W,max} \gg \frac{1}{\gamma} \tag{2.4}$$

Durch die starke Ablenkung haben die dabei erzeugten Strahlungskeulen einen großen Winkel zur Achse des Wigglers und überlagern sich nicht. Das erzeugte Strahlungsspektrum ist relativ breitbandig, zu höhreren Energien verschoben (Wellenlängenschieber) und liefert höhere Intensitäten als das eines Ablenkmagneten (siehe 2.5). In

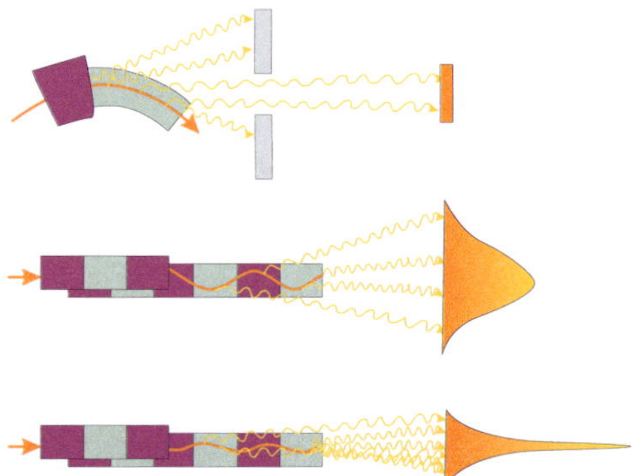

Abbildung 2.5.: Schematische Funktionsweise von (a) Ablenkmagneten, (b) Wigglern und (c) Undulatoren.

Undulatoren sind die Magnete schwächer und die Periodenlängen kürzer, so dass der Elektronenstrahl wenig abgelenkt wird und es zur Interferenz aller Strahlungskeulen kommt. Der maximale Ablenkungswinkel α_{max} ist von der gleichen Größenordnung wie der Emissionswinkel $1/\gamma$ oder kleiner.

$$\alpha_{U,max} \leq \frac{1}{\gamma} \tag{2.5}$$

Die Photonenenergien sind kleiner, das Spektrum ist scharf und in verschiedene Interferenzordnungen (sogenannte Harmonische) aufgeteilt. Auch die Brillianz ist viel höher als bei einem Wiggler. Um also mit einem Undulator die gleiche Photonenenergie zu erhalten wie mit einem Wiggler, müssen die Elektronen eine höhere Energie besitzen. Zur Ablenkung der geladenen Teilchen werden in Wigglern oder Undulatoren meist Permanentmagnete eingesetzt. Die Feldstärke wird deshalb durch Variation des vertikalen Abstands verändert.

Strahlrohre

Je nach Speicherring gibt es 15 bis 100 Strahlrohre, in denen die Strahlung vom Speicherring bis an die Experimentierstationen verläuft. Mit Synchrotronstrahlung wird ein breites Spektrum an elektromagnetischen Wellen zur Verfügung gestellt. Zur Erzeugung schmalbandiger bzw. monochromatischer Strahlung werden spezielle Monochromatoren eingesetzt, so dass unterschiedliche Anforderungen erfüllt werden können.

2.2.2. Röntgenröhren

Wichtigste Bestandteile einer Röntgenröhre sind die Kathode und die Anode (meist aus Wolfram, Kupfer oder Molybdän). Die Kathode emittiert durch Glühemission Elektronen, die durch eine Hochspannung zur Anode beschleunigt werden. Beim Auftreffen auf die Anode werden die Elektronen abgebremst, verlieren dabei Energie und können so drei verschiedene Strahlungsarten erzeugen: charakteristische Strahlung, Bremsstrahlung und Lilienfeldstrahlung (Übergangsstrahlung). Es gibt je nach experimentellen Anforderungen unterschiedliche Röntgenröhren. Sie unterscheiden sich vor allem im Photonenfluss, in der Quellgröße und im Anodenmaterial. Ein hoher Photonenfluss wird durch die Beschleunigungsspannung und den Strom generiert. Für ein gutes Verhältnis zwischen Bremsstrahlung und charakteristischer Strahlung muss die Elektronenenergie ungefähr 3,5 mal so groß wie die charakteristische Strahlung sein. Eine Röntgenröhre hat ungefähr eine Brillianz von bis zu $10^{12}\,\mathrm{Ph}/(\mathrm{s\,mm^2\,mrad^2\,10^{-3}\,BW})$ (siehe Abb. 2.3) und liegt damit um bis zu 15 Größenordnungen unter derjenigen moderner Strahlrohre an Synchrotronquellen der 3. Generation.

2.3. Wechselwirkung von Röntgenstrahlung mit Materie

Auch Röntgenstrahlen sind, wie sichtbares Licht, elektromagnetische Wellen und wechselwirken mit Materie. Dabei sind die photoelektrische Absorption sowie die elastische und die inelastische Streuung die dominantesten Wechselwirkungsprozesse im hier interessanten Röntgenbereich von einigen keV bis zu einigen hundert keV (siehe Abb. 2.6). Im Folgenden werden einige Wechselwirkungsprozesse, die bei röntgenoptischen Geräten ausgenutzt werden, kurz vorgestellt.

Absorption und Streuung

Im linearen Absorptionskoeffizienten μ werden die einzelnen Dämpfungs- und Streukoeffizienten zusammengefasst:

$$\mu = \tau + \sigma_R + \sigma_C(+\sigma_{Paar}).$$

(2.6)

Dabei ist τ der Photoabsorptionskoeffizient und $\sigma_{C,R}$ sind die Koeffizienten für Compton-und Rayleigh-Streuung. Für Energien größer als $2m_0c^2 \approx 1\mathrm{MeV}$ wird auch der Paarerzeugungskoeffizient σ_{Paar} relevant. Die Absorption der Strahlung beim Durchgang durch Materie wird durch das Lambert-Beersche Gesetz beschrieben. Dabei ist I_0 die ursprüngliche Intensität der Strahlung und I ist die Intensität nach Durchlaufen eines Materials der Dicke d:

$$I(\lambda) = I_0 e^{-\mu(\lambda)d}.$$

(2.7)

Der lineare Absorptionskoeffizient $\mu(\lambda)$ ist wellenlängenabhängig und geht über den Absorptionskoeffizienten $\beta(\lambda)$ in den Brechungsindex $n(\lambda)$ aus Gl. (2.11) ein:

$$\beta(\lambda) = \frac{\mu(\lambda)\lambda}{4\pi}.$$

(2.8)

Gerade bei der genaueren Betrachtung von röntgenoptischen Geräten muss bei der Suche nach einem geeigneten Material der Absoption große Beachtung geschenkt werden, da sie oft der limitierende Faktor ist. Während μ bzw. der Massenabsorptionskoeffizent μ/ρ mit der Dichte ρ für die reinen Elemente in der Literatur nachschlagbar

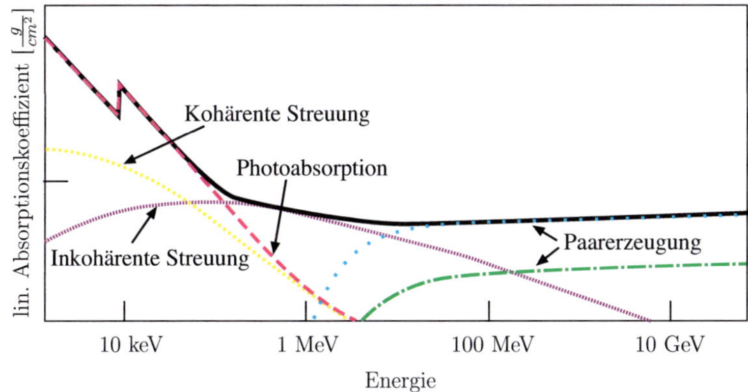

Abbildung 2.6.: Die Gewichtung der verschiedenen energieabhängigen Wechselwirkungsprozesse von elektromagnetischen Wellen mit Elektronen, hier am Beispiel von Nickel. Der Energiebereich zwischen 10 keV und 100 keV ist am interessantesten. In diesem Bereich dominiert die Photoabsorption. Daten wurden von [7] genommen. (Die Paarerzeugung ist dabei aufgeteilt in Paarerzeugung im Kernfeld (obere Kurve, hellblaue Punkte) und im Elektronenfeld (untere Kurve, grüne Striche und Punkte)).

ist, werden für Verbindungsmaterialien oder Legierungen die einzelnen Massenabsorptionskoeffizienten μ_i aufaddiert und mit der relativen Diche ρ_i gewichtet.

$$\rho_i = \rho \cdot \frac{\nu_i A_i}{\sum_j \nu_j A_j} \tag{2.9}$$

Dabei ist ν_i die Zahl der Atome und A_i das atomare Gewicht der Komponente i. Der lineare Absorptionskoeffizient kann dann folgendermaßen bestimmt werden:

$$\mu = \sum_i \left(\frac{\mu_i(\lambda)}{\rho} \right)_i \rho_i. \tag{2.10}$$

In Abb. 2.7 ist die dispersive Absorption $\beta(E)$ von einigen ausgewählten Materialien im Energiebereich von 5-30 keV aufgetragen. Die Absorption wird im Allgemeinen mit steigender Photonenenergie schwächer. Wie in Abb. 2.7 für Nickel erkennbar, gibt es bei bestimmten Energien eine sogenannte Absorptionskante (hier bei 8,333 keV die Ni 1s Absorptionskante), die durch die einsetzende Photoabsorption durch Anregung von Elektronen aus einem entsprechendem Energieniveau hervorgerufen wird.

Brechung

Durch die Wechselwirkung von Photonen mit den gebundenen Elektronen wird neben der beschriebenen Absorption auch die Brechung der Röntgenstrahlen beschrieben. Dafür wird das Modell des erzwungenen Oszillators für sichtbares Licht auf Röntgenlicht übertragen. Man erhält daraus den komplexen Brechungsindex n(λ)

$$\boxed{n(\lambda) = 1 - \delta(\lambda) - i\beta(\lambda)} \tag{2.11}$$

der über das Brechzahldekrement $\delta(\lambda)$ und den Absorptionskoeffizienten $\beta(\lambda)$ vom atomaren Streufaktor $f = Z + f'(E) + if''(E)$ abhängt:

$$\begin{aligned}
\delta(\lambda) &= \frac{\lambda^2}{2\pi} r_0 \frac{\rho N_A}{A} (Z + f'(\lambda)) \quad \text{und} \\
\beta(\lambda) &= \frac{\lambda^2}{2\pi} r_0 \frac{\rho N_A}{A} f''(\lambda).
\end{aligned}$$

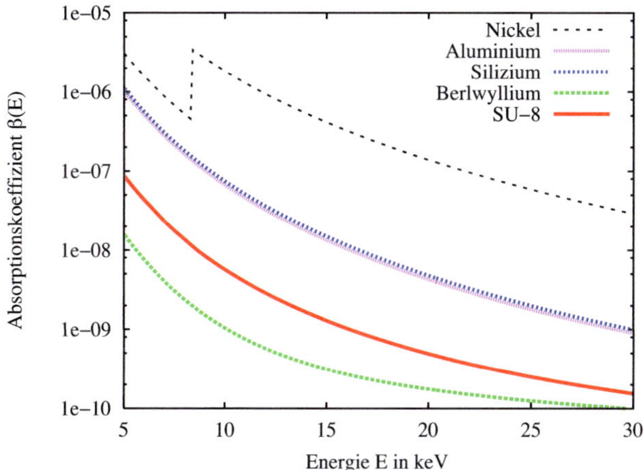

Abbildung 2.7.: Dispersiver Absorptionskoeffizient $\beta(E)$ von verschiedenen Röntgen-linsenmaterialien [13, 40].

Z ist dabei die Atomzahl der streuenden Elemente, N_A die Avogadro-Zahl, ρ die Dichte des streuenden Materials und r_0 der klassische Elektronenradius. Der Realteil des Brechungsindex $\mathrm{Re}(n(\lambda))$ ist für die Brechung verantwortlich. Das materialspezifische und wellenlängenabhängige Brechzahldekrement $\delta(\lambda)$ ist im Röntgenbereich von der Größenordnung $10^{-5} - 10^{-7}$ und positiv. Dies hat entscheidende Auswirkungen auf das Snelliussche Brechungsgesetz:

$$n_1 \sin(\alpha_1) = n_2 \sin(\alpha_2). \tag{2.12}$$

$n_{1,2}$ beschreibt hier den Realteil des Brechungsindex $n(\lambda)$, und $\alpha_{1,2}$ sind die Winkel des einfallenden bzw. des gebrochenen Strahls zum Lot. Für $n_1 > n_2$ wird der einfallende Strahl zum Lot hingebrochen (siehe Abb. 2.8). Im Falle von Glaslinsen im sichtbaren Spektrum ist $\delta_{\mathrm{Glas}}(\lambda) \approx -0,5$ und somit Glas das optisch dichtere Medium ($n_{\mathrm{Glas}} > n_{\mathrm{Luft}}$). Parallel einfallendes Licht wird im sichtbaren Spektrum durch eine bikonvexe Linsenform fokussiert. Im Röntgenspektrum ist mit $\delta(\lambda) \approx +10^{-6}$ Luft das optisch dichtere Medium ($n_{\mathrm{Linse}} < n_{\mathrm{Luft}}$), die geeignete Linsenform zum Fokussieren ist also bikonkav.

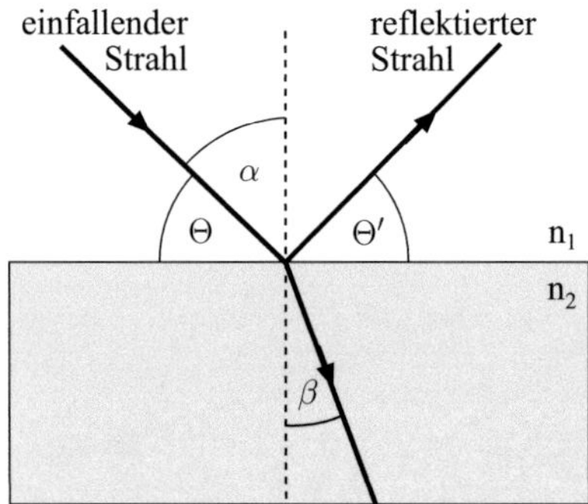

Abbildung 2.8.: Die Brechung und die Reflexion eines Lichtstrahls an der Grenzfläche zwischen zwei Medien wird hier schematisch dargestellt. Ein
im Winkel α zum Lot der Grenzfläche einfallender Strahl wird an
der Grenzfläche zwischen zwei Medien im Winkel β zum Lot der
Grenzfläche gebrochen. Ein im Winkel Θ zur Grenzfläche einfallender Strahl wird im Winkel $\Theta = \Theta'$ zur Grenzfläche reflektiert.

Spiegel-Reflexion

Trifft Röntgenstrahlung zu steil auf einen Festkörper, wird sie im Wesentlichen absorbiert. Erst bei einem relativ flachen Winkel $\Theta_1 = \Theta_k$ (streifender Einfall) zur
Grenzfläche kommt es an der Grenzfläche zwischen zwei Medien (Luft und Festkörper) zur Totalreflexion ($\Theta_2 = 0$). Der kritische Winkel zur Reflexion kann dabei aus
dem Snelliusschen Brechungsgesetz (2.12) hergeleitet werden. Dabei ist der einfallende Winkel $\Theta_1 = 90 - \alpha_1$, diesmal der Winkel zur Grenzfläche und nicht wie α_1 zum
Lot der Grenzfläche:

$$n_1 \underbrace{\cos \Theta_1}_{cos\Theta_k} = n_2 \underbrace{\cos \Theta_2}_{1} \qquad \text{mit} \quad \Theta_2 = 0$$

Dies führt zu

$$\cos \Theta_k = \frac{n_2}{n_1} = 1 - \frac{\delta_2 - \delta_1}{1 - \delta_1}.$$

Da die Brechzahldekremente viel kleiner als eins sind, ist auch der Winkel Θ_k sehr klein und der Kosinus $\cos\Theta_k$ kann in eine Reihe entwickelt werden:

$$\cos\Theta_k \approx 1 - \frac{\Theta_k^2}{2!} \overset{!}{=} 1 - \frac{\delta_2 - \delta_1}{1 - \delta_1}$$

$$\Rightarrow \Theta_k = \sqrt{2\frac{\delta_2 - \delta_1}{1 - \delta_1}}$$

Sind Strahl und Spiegel im Vakuum, kann das Ganze vereinfacht werden zu $\Theta_k = \sqrt{2\delta_1}$. Dabei ist δ_1 das Brechzahldekrement des Spiegelmaterials. Typische Werte für solche sogenannten Glanzwinkel sind $\Theta_k < 0,5°$. Doch nicht nur der Einfallswinkel ist entscheidend für die Reflexion, sondern auch die Rauhigkeit des Materials. Liegt diese in der Größenordnung der Wellenlänge, wird das Licht diffus reflektiert. Bei einer gerichteten Spiegelung muss die Rauhigkeit klein gegenüber der Wellenlänge sein. Einfalls- und Reflexionswinkel sind dann gleich groß (siehe Abb. 2.8).

Reflexion durch Interferenz

Trifft ein Lichstrahl auf ein Kristallgitter, so werden die einlaufenden Wellen an den einzelnen Kristallebenen reflektiert. Die zurücklaufenden Wellen überlagern sich und können je nach Emissionswinkel und Abstand der Gitterebenen konstruktiv oder destruktiv miteinander interferieren. Um eine maximale Interferenz zu erzielen, muss der Unterschied zweier benachbarter Wege ein ganzzahliges Vielfaches n der Wellenlänge λ sein. Dies ist bei der Bragg-Bedingung erfüllt:

$$n\lambda = 2d\sin(\theta) \tag{2.13}$$

mit dem Einfalls- und Reflexionswinkel θ und dem Abstand d der Gitterebenen (siehe Abb. 2.9).

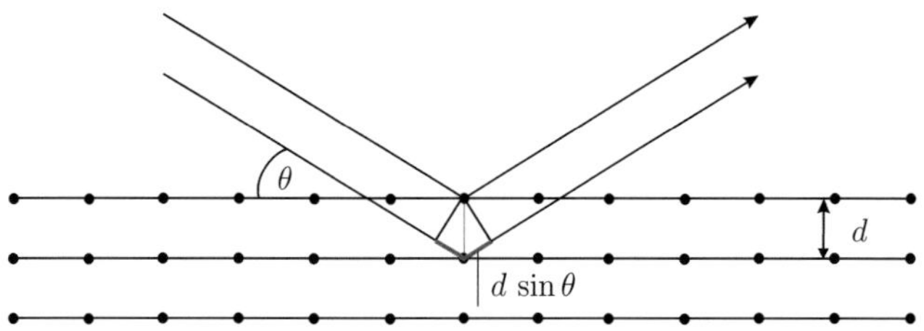

Abbildung 2.9.: Konstruktive Interferenz bei der Reflexion einer Welle an einem Kristallgitter, beschrieben durch die Bragg-Bedingung (siehe Gleichung (2.13).

Beugung

Wenn elektromagnetische Wellen auf Hindernisse wie Blenden, Schirme oder Gitter treffen, breitet sich das Licht nicht weiter geradlienig aus. Im Gegensatz zur Reflexion und Brechung kann die Beugung nicht durch das klassische Bild der geometrischen Optik beschrieben werden, man benötigt dazu die Wellenoptik. Das physikalische Grundprinzip der Wellenoptik ist das Huygensche Prinzip der Elementarwelle. Die Überlagerung der Elementarwellen kann zu konstruktiver oder destruktiver Interferenz führen. Das nach einem Hindernis entstehende Beugungsbild kann für das Nah- und für das Fernfeld durch das Kirchhoffsche Beugungsintegral berechnet werden. Das Phänomen der Beugung wird z.B. in den Fresnel-Zonenplatten (siehe Kapitel 2.4.2) oder auch bei den Clessidralinsen (siehe Kapitel 2.4.3) ausgenutzt, um Röntenstrahlung zu fokussieren.

2.4. Verschiedene röntgenoptische Geräte und ihre Anwendungen

Im Folgenden werden verschiedene röntgenoptische Geräte, die an Synchrotronringen der dritten Generation zum Einsatz kommen, im Kontext ihrer physikalischen Funktionsweise vorgestellt und konkrete Anwendungsbereiche beschrieben.

2.4.1. Auf Reflexion basierende röntgenoptische Geräte

Spiegel

Damit Spiegel zum Abbilden oder Fokussieren an Synchrotronquellen benutzt werden können, müssen sie eine gekrümmte Oberfläche haben. Eine parabolische Spiegelform kann paralleles Licht in einen Punkt fokussieren; eine Punktquelle wird durch eine elliptische Spiegelform fokussiert. Da ein einfacher sphärischer Spiegel einen Linienfokus erzeugt, wurde 1948 von Kirkpatrick und Baez ein Spiegelsystem bestehend aus zwei zylindrischen Spiegeln vorgestellt, die senkrecht aufeinander stehen [20]. Die einfallenden Strahlen treffen nacheinander auf die beiden gekreuzten Spiegel und können so in beide Richtungen fokussiert werden. Solche Kirkpatrick-Baez-Spiegel (KB-Spiegel) sind bei Energien bis zu wenigen keV einsetztbar und sind für diesen Energiebereich quasi achromatisch. Fokalflecken von $50\,\mathrm{nm}$ bei einer Brennweite von einem Meter können zum Beispiel bei einer Energie von $< 19\,\mathrm{keV}$ erzielt werden [30]. Bei der Herstellung und im Einsatz haben Spiegel jedoch entscheidende Nachteile gegenüber anderen röntgenoptischen Geräten. Zum einen ist bei der Reflexion die Oberflächenrauhigkeit σ von entscheidender Bedeutung. Um keine diffuse Reflexion zu erhalten, muss – wie bereits erwähnt – die Rauhigkeit wesentlich kleiner als die Wellenlänge $\sigma < \lambda$ sein. Auch die Formtreue ist sehr wichtig und aufgrund der großen Abmessungen eines solchen Spiegels schwierig über den ganzen Spiegel einzuhalten.

Kapillaren

Kapillaren für Röntgenstrahlen basieren auch auf dem physikalischen Prinzip der Totalreflexion. Ein einfallender Strahl wird mehrfach an den Innenwänden einer sich verjüngenden Glaskapillare reflektiert, wodurch der ursprüngliche Strahldurchmesser erheblich verkleinert werden kann. Der kleinste Fokalfleck ist daher unmittelbar hinter dem Ausgang zu finden; der Strahl divergiert danach mit dem doppelten Glanzwinkel. Die Verjüngung der Kapillaren muss von der gleichen Größenordnung wie (bzw. kleiner als) der Glanzwinkel sein, damit ein parallel einfallender Strahl einmal (bzw. mehrmals) reflektiert werden kann. Dies limitiert die Apertur und damit die Intensität des Fokalflecks, da Kapillaroptiken nicht abbilden, sondern das eingefangene Licht bündeln [12, 22]. Um die Apertur zu vergrößern, werden viele einzelne Kapillaren zusammengefügt (Polykapillaren), die alle so gekrümmt sind, dass sie in den gleichen Fokalfleck führen [63, 29].

2.4.2. Diffraktive röntgenoptische Geräte

Monochromatoren

Ein Monochromator dient dazu, aus einem polychromatischen Strahl eine gewünschte Wellenlänge mit einer bestimmten Bandbreite herauszufiltern. Dies kann sowohl mittels Brechung (Prisma) als auch mittels Beugung (Gitter oder Einkristall) durchgeführt werden. Im harten Röntgenbereich werden vor allem Einkristalle (z.B. Silizium) benutzt, die mittels der selektiven Reflexion bei der Bragg-Bedingung einen kleinen Energiebereich aus dem Röntgenspektrum herausfiltern. Da sich durch die Reflexion die Strahlrichtung ändert, wird gerne ein Doppelkristall-Monochromator eingesetzt (siehe Bild 2.10). Die erzielte Bandbreite $\Delta E/E$ eines Monochromators ist im Bereich von 10^{-4}. Doppelkristall-Monochromatoren (aus ebenen Einkristallen) werden an Strahlrohren an Synchrotronquellen eingesetzt, um dem Experimentierstrahl eine genau bestimmte Energie mit möglichst kleiner Bandbreite zu geben. Durch Änderung der Neigung des Kristalls kann das Energiefenster verschoben und so ein großer Energiebereich ohne Umbauten in der Strahlkammer durchgefahren werden. Neben ebenen Einkristallen gibt es auch gebogene Einkristalle, die zusätzlich zum Fokussieren benutzt werden. Ein zylindrisch gebogener Einkristall kann den Strahl einer Röntgenröhre auf einen Linienfokus zwingen, mit einem Ellipsoid erhält man einen Punktfokus. In Synchrotronquellen werden jedoch zum Fokussieren andere optische Geräte eingesetzt. Im weichen Röntgenbereich kommen zur Monochromatisierung vor allem Reflexionsgitter zum Einsatz.

Multilayer

Bei Vielschichtsystemen werden nacheinander abwechselnd Materialien mit hohem und niedrigem atomaren Gewicht aufeinander geschichtet. Mit Schichtdicken von einigen Angström bis zu einigen Nanometern entstehen dadurch künstliche Struktu-

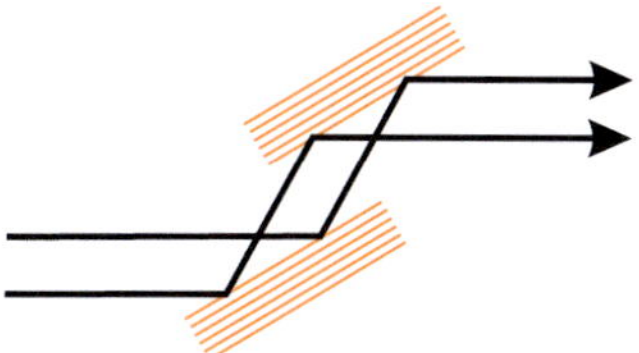

Abbildung 2.10.: Durch einen Doppelkristallmonochromator kann die Strahlrichtung bei der selektiven Reflexion erhalten bleiben.

ren, an denen ein Strahl durch Interferenz (Braggstreuung) reflektiert werden kann. Solche *künstlichen Kristalle* werden auch zur Monochromatisierung des Strahls eingesetzt, es können dabei im harten Röntgenbereich Bandbreiten bis zu 20 % realisiert werden [69,32].

Fresnel-Zonenplatten

Fresnel-Zonenplatten werden vor allem im weichen Röntgenbereich dafür benutzt, Licht mittels Beugung zu fokussieren [41]. Sie sind aus abwechselnd transparenten und absorbierenden konzentrischen Ringen aufgebaut, deren Breite mit wachsendem Abstand vom Mittelpunkt abnimmt. Die Fläche A_j der einzelnen Ringe ist dabei konstant. Die Funktionsweise ist die folgende: aus einer Quelle im Unendlichen fällt nahezu paralleles Licht auf eine Zonenplatte, an der das Licht gebeugt wird. Die Brennweite des erzielten Fokus f wird dabei über die Geometrie der Zonenplatte bestimmt. Der Wegunterschied benachbarter Zonen $j, j+1$ (also von jeweils einem transparenten und absorbierenden Ring) zum Brennpunkt muss sich um $\lambda/2$ unterscheiden. Daraus leitet sich folgende Bedingung für den Radius der einzelnen Zonen r_j ab:

$$\sqrt{r_j^2 + f^2} = f + j\frac{\lambda}{2} \quad \xrightarrow{f \gg \lambda} \quad r_j = \sqrt{j\lambda f} \tag{2.14}$$

Der Unterschied der optischen Weglängen der Strahlen, die die Ringe mit geradzahligem j durchlaufen, ist ein ganzzahliges Vielfaches von λ. Die Amplituden sind somit in Phase und können im Brennpunkt konstruktiv miteinander interferieren. Die Strahlen der ungeradzahligen Zonen $2j+1$ differieren in ihrem optischen Weg untereinander ebenfalls um ein ganzzahliges Vielfaches von λ, sie sind also auch untereinander in Phase, allerdings in Gegenphase zu den Strahlen der ganzzahligen Ringe. Durch die abwechselnd transparenten und absorbierenden Ringe werden nur Wellen mit phasengleicher Amplitude durchgelassen, die anderen werden absorbiert. Der Effekt, dass Röntgenstrahlen durch das Material nicht vollständig absorbiert werden, kann bei den absorbierenden Ringen ebenfalls konstruktiv genutzt werden. Das Material und die Dicke dieser Ringe werden so gewählt, dass das Licht nicht vollständig absorbiert wird, sondern nur eine Phasenverschiebung um $\lambda/2$ erhält. Somit können alle Fresnelzonen zur konstruktiven Interferenz beitragen.

2.4.3. Brechende röntgenoptische Geräte

Im letzten Abschnitt 2.3 wurden die refraktiven Eigenschaften im Röntgenspektrum bereits erklärt. Darauf aufbauend können also, analog zu den Glaslinsen im sichtbaren Spektrum, refraktive bikonkave Linsen Röntgenstrahlen fokussieren.

Refraktive Linsen (Compound refractive lenses, CRL)

Die Brennweite einer solchen Linse kann wie im sichtbaren Spektrum durch die Linsenformel für dünne Linsen beschrieben werden:

$$\frac{1}{f} = \frac{2\delta(\lambda)}{R}$$

Durch das extrem kleine Brechzahldekrement $\delta(\lambda)$ der Materialien im Röntgenbereich ist der Einfluss der Brechung nur sehr gering. Die Brennweite f würde nach nur einer refraktiven Röntgenlinse (mit einem Radius von einigen μm) einige Meter betragen. Der Krümmungsradius kann nicht beliebig reduziert werden, da dies auch zu einer Verkleinerung der Linsenapertur führen würde. Um also eine Brennweite im Zentimeterbereich zu erzielen, müssen viele Linsen aneinandergereiht werden. Ein solches Linsensystem bestehend aus vielen fokussierenden Linsen wird *Compound Refractive Lens (CRL)* genannt. Die inverse Brennweite kann dabei als Summe der einzelnen inversen Brennweiten f_i geschrieben werden

$$\frac{1}{f} = \sum_i \frac{1}{f_i}.$$

Werden n identische Linsen aneinandergereiht, ist die Brennweite

$$f = \frac{R}{2n\delta(\lambda)}.$$ (2.15)

Ist die Brennweite einer solchen Linse von der gleichen Größenordnung wie die Linsenlänge L, muss die Formel noch um einen Korrekturfaktor [47] erweitert werden:

$$f = \frac{R}{2n\delta(\lambda)} + \frac{L}{6}.$$ (2.16)

Um sphärische Aberrationen zu reduzieren, sollte eine parabolische Linsenform gewählt werden. Mit einer solchen Linsengeometrie erhält man eine Gaußsche Transmissionsfunktion, was zur Folge hat, dass die Apertur einer solchen Linse begrenzt ist [25,9]. Die Materialwahl ist nicht nur bezüglich des Absorptionskoeffizienten eine entscheidende Größe. Neben einem guten Verhältnis von δ/β, sind auch die Stabilität im Röntgenstrahl, die Herstellbarkeit und die geringe Streuung wesentliche Kriterien. Während die ersten Linsen mit einem $20\,\mu m$ Steg aus Aluminium gefertigt wurden [53], kann heute die Transmission sowohl durch die Geometrie (Stege mit $3\,\mu m$ Dicke und Krümmungsradien von einigen μm), als auch durch das Material (Be, SU-8) wesentlich erhöht werden [21,35].

Refraktive Röntgenlinsen können im harten Röntgenbereich (ab ca. $5\,\text{keV}$) eingesetzt werden, wenn die Effizienz von Fresnel Zonenplatten immer schlechter wird. Sie werden vor allem bei der vergrößernden Bildgebung und zur Erzielung eines (Sub-)Mikrometerfokus bei Beugungs-, Fluoreszenz- oder Absorptionsexperimenten eingesetzt. Wie die beugenden Optiken sind auch refraktive Optiken dispersiv - also chromatisch - und können je nach Material bei Bandbreiten bis zu $0{,}3\,\%$ eingesetzt werden [19].

Prismenlinsen

Mit steigender Linsenanzahl (bei höheren Energien) und mit steigender Apertur wird der zu durchlaufende Weg der Strahlen an den Außenkanten der Linsen immer größer und die Transmission (siehe Gleichung (4.8)) bzw. der *gain* (siehe Gleichung (4.9)) sinken. Bei den Prismenlinsen wird das absorbierende und ansonsten optisch inaktive Material reduziert, dabei entstehen viele kleine Dreiecke, die in Form einer Sanduhr [16] bzw. einer Wäscheklammer [48] angeordnet sind. Die optimale Höhe der Dreiecke hängen von der Wellenlänge und dem Winkel der Dreiecke ab. Bei Benutzung von räumlich kohärenten Lichtquellen kann nicht nur durch Brechung, sondern auch durch Beugung ein Fokus erzeugt werden. Werden bestimmte Bedingungen beim Bau der Clessidra-Linse eingehalten, können die beiden entstehenden Peaks zusammengeführt werden und der *gain* dadurch verstärkt werden [14, 18]. Durch die Reduktion der zu durchlaufenden Fläche kann die Apertur vergrößert werden. Mit steigender Apertur können solche Linsen auch für andere Röntgenquellen wie beispielsweise Röntgenröhren interessant werden.

3. Grundlagen zu Achromaten

3.1. Funktionsweise und Realisierung eines Achromaten im sichtbaren Spektrum

Eine refraktive Linse wird sowohl durch ihre Geometrie als auch durch ihr Material charakterisiert. Jedes Material hat einen dispersiven Brechungsindex $n(E)$ (siehe Gleichung (2.11)). Wenn also ein polychromatischer Strahl ein brechendes optisches Element durchläuft, wird jede Wellenlänge dieses Strahls unterschiedlich fokussiert. Diese physikalische Eigenschaft nennt man *chromatische Aberration.*

Das sichtbare Spektrum reicht von $1{,}7\,\text{eV}$ bis $3{,}1\,\text{eV}$ ($750\,\text{nm} \text{-} 380\,\text{nm}$), was einem Energiebereich von $2{,}4\,\text{eV} \pm 31\%$ entspricht. Betrachtet man eine dünne Linse, dann ist die Brennweite $f(E)$ umgekehrt proportional zum dispersiven Brechzahldekrement $\delta(E)$. Die relative Differenz der beiden äußeren Brennweiten Δf zur mittleren Brennweite $\bar{f}$ kann dann geschrieben werden als

$$\frac{\Delta f}{\bar{f}} = \frac{|f(E_{min}) - f(E_{max})|}{\sum_{i=1}^{e} \frac{1}{e} f(E_i)}, \qquad (3.1)$$

wobei $E_{\text{min}} \hat{=} E_1$ die niedrigste Energie, $E_{\text{max}} \hat{=} E_e$ die höchste Energie und E_i einzelne Energien des betrachteten Energiefensters darstellen. Die Gesamtzahl der betrachteten Energien ist e. Benutzt man Kronglas als Linsenmaterial, ist die relative Differenz für das gesamte sichtbare Spektrum $\frac{\Delta f}{\bar{f}} = 0{,}038$.

Ein Achromat ist ein abbildendes System, bei dem keine chromatischen Aberrationen auftreten (z.B. Spiegel) oder bei dem chromatische Aberrationen für zumindest zwei Wellenlängen minimiert werden (z.B. Linsensystem). Von einem weißen Strahl,

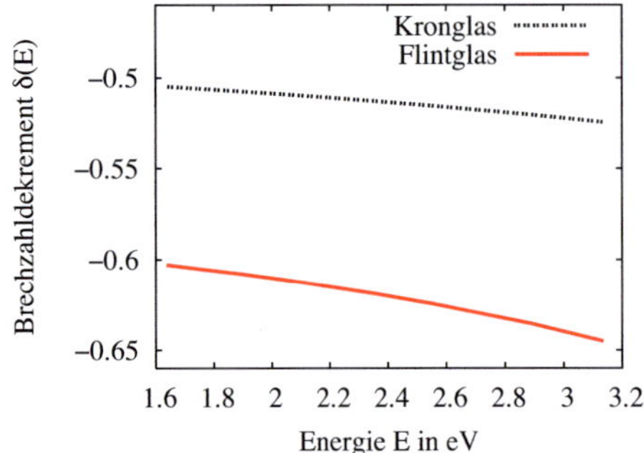

Abbildung 3.1.: Brechzahldekrement $\delta(E)$ im sichtbaren Spektrum von Kron- und Flintglas, den typischen Materialien, die für einen Achromaten benutzt werden [8].

der von einem Achromaten fokussiert wird, werden dann genau zwei Wellenlängen in einen Punkt fokussiert. Die meisten Achromaten im sichtbaren Spektrum werden so gebaut, dass sie *rotes* und *blaues* Licht – definiert über die Fraunhofer F- und C-Spektrallinien – in einen Punkt fokussieren. Während *blau* (486,1 nm $\hat{=}$ 2,55 eV) und *rot* (656,3 nm $\hat{=}$ 1,89 eV) dieselbe Brennweite haben, sind die Brennweiten von *grün* und *gelb* etwas kürzer. In dem Energiebereich zwischen den Fraunhofer-Spektrallinien (mit der mittleren Energie 2,22 eV $\pm$ 15%) ist die Differenz der beiden äußeren Brennweiten $\frac{\Delta f}{f} = 0,017$. Diese Differenz kann durch einen allgemeinen Achromaten, das achromatische Doublet, ausgeglichen werden. Es besteht aus zwei einzelnen Glaslinsen aus unterschiedlichen Materialien und damit unterschiedlichen Brechzahldekrementen $\delta(\lambda)$ (siehe Abb. 3.1), die einen Abstand von $d \geq 0$ haben können (siehe Abb. 3.2). Die Differenz der Brechzahldekremente ist dabei relativ groß und variiert über den Energiebereich. Eine der Linsen ist eine konvergente Linse mit einer konvexen Form, die andere ist eine divergente Linse mit einer konkaven Form. Eine der beiden Linsen ist dominant, in den meisten Fällen die fokussierende. Damit hat die defokussierende Linse nur eine korrigierende Funktion, um die chromatische Aberration zu reduzieren. Während im Röntgenspektrum auch die Absorption eine große

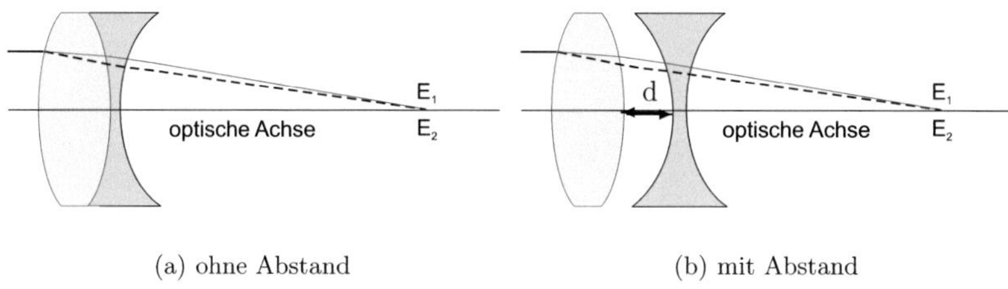

(a) ohne Abstand   (b) mit Abstand

Abbildung 3.2.: Achromatische Doublets für Anwendungen im sichtbaren Spektrum. Eine achromatische Linse besteht aus zwei gegensätzlichen Linsen aus Materialien mit unterschiedlichen Brechungsindizes. Sie können a) entweder aneinandergefügt werden oder b) separat stehen.

Rolle spielt, ist diese im sichtbaren Spektrum zu vernachlässigen, da die verwendeten Glaslinsen kaum absorbieren.

3.2. Anwendungen im Röntgenspektrum

Auch refraktive Röntgenlinsen sind energie- und materialabhängig (siehe Abb. 3.3). Betrachtet man im Röntgenspektrum ein äquivalentes Energiefenster wie im sichtbaren Spektrum – z.B. 9 keV - 12 keV, also 10,5 keV $\pm$ 15% – ist die relative Differenz der Brennweiten für Röntgenlinsenmaterialien

$$\left(\frac{\Delta f}{\bar{f}}\right)_{9-12\,\text{keV}} \approx 0,56.$$

(Zum Vergleich: im sichtbaren Spektrum ist die relative Brennweitendifferenz bei einer Bandbreite von ebenfalls 30 %: $\frac{\Delta f}{f} = 0,017$). In Tabelle 3.1 ist eine Aufstellung der Brennweitenunterschiede verschiedener Röntgenlinsenmaterialien bei verschiedenen Bandbreiten angegeben, und in Abb. 3.4 ist die Bandbreite gegen die relative Brennweitendifferenz aufgetragen. Es werden hier beispielhaft die Brennweitenunterschiede bei Bandbreiten um 35 keV betrachtet. Sie unterscheiden sich kaum von denen anderer Energien. Im Gegensatz zu Glaslinsen im sichtbaren Spektrum (zum Vergleich auch in Abb. 3.4 aufgetragen) sind die Brennweitendifferenzen im Röntgen-

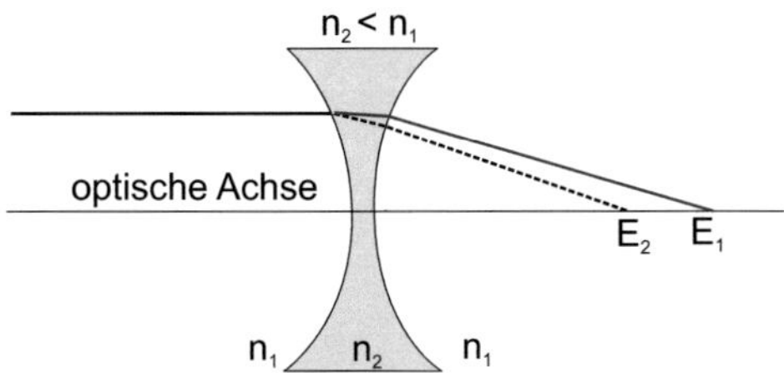

Abbildung 3.3.: Chromatische Aberration einer bikonkaven Röntgenlinse. Durchläuft weißes Röntgenlicht eine einfache brechende Linse, kann man in der Fokusebene einen Farblängsfehler registrieren. Dieser entsteht, da jede Wellenlänge unterschiedlich stark gebrochen wird. Je kurzwelliger das Licht, desto kürzer ist die Brennweite.

spektrum bereits bei kleinen Bandbreiten relativ groß. Für eine optimale Fokussierung ist also ein stark monochromatischer Strahl nötig. Bandbreiten von unter $0,5\,\%$ sind erforderlich. Solche Bandbreiten können Doppelkristallmonochromatoren mit Si(111) Kristallen (Bandbreite ca. $0,014\%$), wie sie an Synchrotronquellen benutzt werden, problemlos erreichen [19].

$E \pm \frac{\Delta E}{E}$	10,5 keV $\pm15\%$	35 keV $\pm2\%$	35 keV $\pm4\%$	35 keV $\pm8\%$
	$\frac{\Delta f}{f}$	$\frac{\Delta f}{f}$	$\frac{\Delta f}{f}$	$\frac{\Delta f}{f}$
Nickel	0,512	0,083	0,162	0,325
SU-8	0,564	0,080	0,159	0,318
Silizium	0,565	0,076	0,152	0,303
Aluminium	0,564	0,080	0,16	0,319

Tabelle 3.1.: Relative Brennweitenunterschiede für verschiedene Materialien und Bandbreiten.

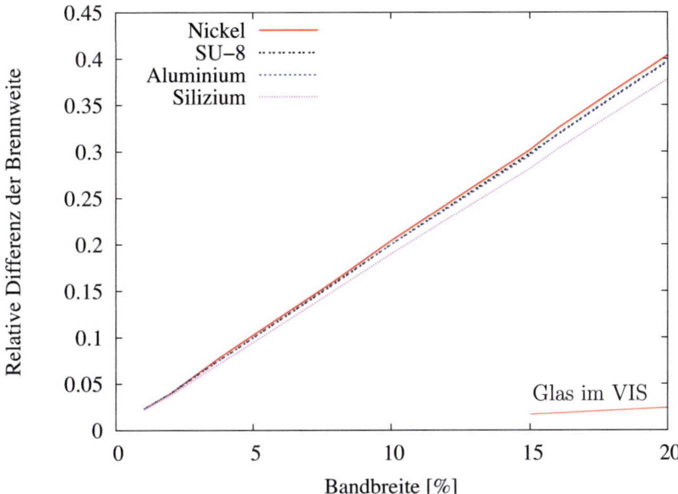

Abbildung 3.4.: Relative Brennweitendifferenz in Abhängigkeit verschiedener Bandbreiten (um 35 keV).

Einsatz an breitbandigen Strahlrohren

Wenn man nun aber breitbandiger monochromatisiert, kann man mehr Outputfluss erreichen. Dies ist mit einem künstlichen Kristall, d.h. einem Multilayerspiegel möglich. Werte zwichen 1 % und 10% (mit einer Transmission T > 0,5) sind dabei technisch problemlos erreichbar. Geht man also von einer Multilayertransmission von 50% für eine bestimmte Wellenlänge aus, erhält man an einer kontinuierlichen Quelle mit einer Bandbreite von 3 % einen 100-fach höheren Outputfluss und bei einer Bandbreite von 8 % einen 250-fach höheren Outputfluss [19]. Der Einsatz einer refraktiven Linse an einem solchen Strahlrohr würde allerdings zu einer sehr merklichen chromatischen Fleckvergrößerung führen. Bei solchen Anwendungen könnten Achromaten zum Einsatz kommen, die für eine entsprechende Bandbreite optimiert werden. Das Ziel solcher Achromaten wäre eine möglichst kleine Halbwertsbreite, mit möglichst hohem *gain* (siehe Gleichung (4.9)) für den gesamten Energiebereich. Die Fokalflecken der einzelnen Energien werden hier nicht betrachtet, sondern nur der Fokalfleck der gesamten Bandbreite.

Schnelle Variation der Energie bei gleichbleibender Brennweite

Ein weiteres Beispiel, bei dem ein Achromat sehr hilfreich wäre, sind Experimente, bei denen die Energie relativ schnell und kontinuierlich unter Beibehaltung der Fokalfleckgröße variiert werden soll. Um die Probe nicht für jeden Energiewechsel neu im Strahl ausrichten zu müssen, könnte ein Achromat zum Einsatz kommen, bei dem die Probe über einen gewissen Energiebereich den gleichen Fokalfleck liefert. Ziel ist also ein möglichst kleiner, aber vor allem über einen Energiebereich gleichbleibender Fokalfleck. Dies ist im Wesentlichen bei der Röntgenabsorptionsspektroskopie (XAS) der Fall. Interessant wären hier zum Beispiel die Absorptionskanten der 1s Niveaus, diese sind häufig zwischen 6 keV und 30 keV (siehe dazu einige Beispiele von Übergangsmetallen und anderen wichtigen Elementen in Tabelle 3.2), aber auch die Absorptionskanten der 2p Niveaus z.B. bei Übergangsmetallen (zwischen 10 und 15 keV), Lanthanoide (zwischen 7 und 10 keV) und Actiniden (zwischen 20 und 30 keV). Dabei genügt für XANES-Experimente ein Energiebereich von 50 eV oberhalb der Absorptionskante, für EXAFS-Experimente sind es bis zu 500 eV oberhalb der Absorptionskante.

Übergangsmetalle	Fe	Co	Ni	Cu	Zn	Mo	1s-Schale
Abs.-kante [keV]	7,1	7,7	8,3	8,78	9,66	20	
weitere Elemente	Ga	Ge	Se	Br	Cd	In	1s-Schale
Abs.-kante [keV]	10,37	11,1	12,66	13,47	26,7	27,94	
Übergangsmetalle	Ta	W	Re	Ir	Pt	Au	2p-Schale
Abs.-kante [keV]	11,136	11,544	11,959	12,824	13,273	13,709	

Tabelle 3.2.: Absorptionskanten verschiedener Materialien. Für XANES-Experimente ist ein Energiebereich bis 50 eV hinter der Absorptionskante interessant, bei EXAFS-Experimenten ein Bereich bis zu 500 eV.

3.3. Mögliche Realisierungen

Wie im sichtbaren Spektrum kann auch im Röntgenspektrum eine Kombination aus fokussierender und defokussierender Optik zu einer Verkleinerung der chromatischen Aberration führen. Als Realisierungsmöglichkeiten werden hier eine Kombination zweier refraktiver Linsen und eine Kombination von einem diffraktiven und einem refraktiven optischen Element vorgestellt.

3.3.1. Kombination von refraktiven optischen Elementen

Um die chromatische Aberration einer gewöhnlichen CRL zu reduzieren, kann die fokussierende CRL mit einer defokussierenden CRL, welche aus einem anderen Material besteht, kombiniert werden (siehe Abb. 3.5). Im Vergleich zum sichtbaren Spektrum ist hier die Materialwahl von noch größerer Bedeutung. Das Material geht bei Rönt-

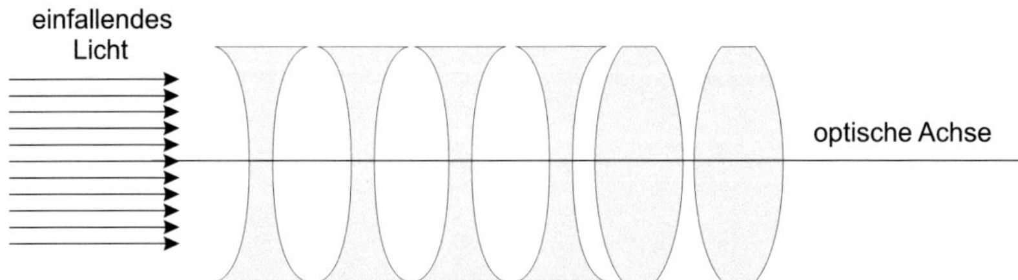

Abbildung 3.5.: Eine bikonkave CRL kombiniert mit einer bikonvexen CRL aus einem anderen Material führt auch im Röntgenspektrum zu einer Reduzierung der chromatischen Aberration.

genlinsen nicht nur in das Brechzahldekrement $\delta(E)$ mit ein, sondern spielt auch bei der Absorption $\beta(E)$ eine entscheidende Rolle. Während bei der bikonkaven (fokussierenden) Linse formbedingt nur sehr wenig Material zwischen den brechenden Oberflächen durchlaufen wird, ist bei einer bikonvexen Linse viel Material zwischen den Oberflächen zu durchlaufen (siehe Abb. 3.6). Ein ähnliches Problem wurde be-

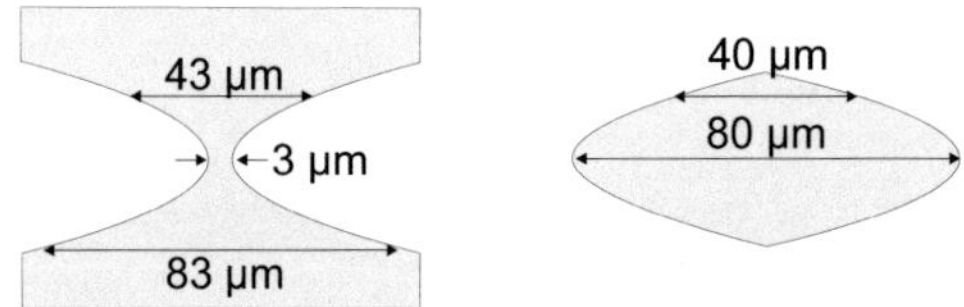

Abbildung 3.6.: Bei einer bikonvexen Linse (rechts) muss der Strahl sehr viel mehr optisch passives Material durchlaufen als bei einer bikonkaven Linse (links).

reits 1822 von Auguste Fresnel mit der Fresnelschen Stufenlinse gelöst. Auch hier musste das Volumen, zwar nicht wegen der Absorption sondern wegen des Gewichts, reduziert werden. Dafür wurde die Linse in ringförmige Bereiche aufgeteilt, die nach außen hin schmäler wurden. Da nur die Oberflächen zur Brechung beitragen, nicht aber das Material im Inneren, kann das überschüssige Material zwischen den Linsenoberflächen entfernt werden (siehe Abb. 3.7). Die Wellenfront darf durch die neue

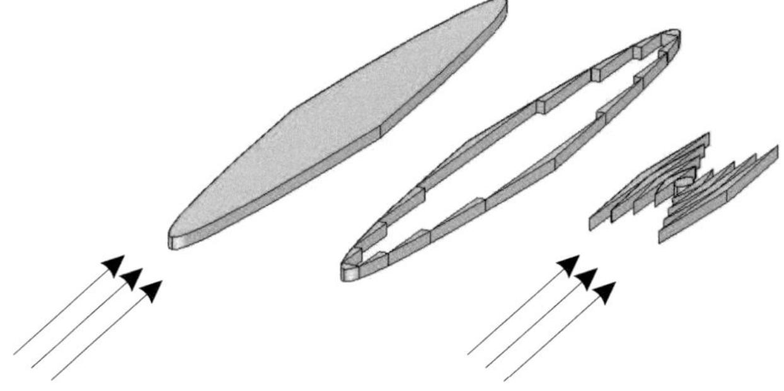

Abbildung 3.7.: Schematische Konstruktion von Fresnellinsen. Nur die Oberflächen einer Linse tragen zur Brechung bei, der innere Teil einer Linse ist optisch passives Material, das entfernt werden kann.

Linsenform nicht deformiert werden, deshalb darf die Phasenverschiebung der Welle nur ein ganzzahliges Vielfaches von $2\,\pi$ betragen. Diese Bedingung wird erfüllt, wenn der Weg der Welle durch das Material ungefähr um die Länge L reduziert wird [9,17],

$$L = m\frac{\lambda}{\delta(\lambda)}, \qquad m = \text{ganzzahlig}. \tag{3.2}$$

Übrig bleiben lamellenartige Strukturen, bei denen die bikonvexe Form der Oberfläche erhalten bleibt. Um die Absorption zu minimieren, muss der Weg parallel zur optischen Achse zwischen den bikonvexen Oberflächen so kurz wie möglich sein. Da Form und Größe der Lamellen durch den Herstellungsprozess begrenzt sind, müssen mögliche Randbedingungen für jedes Material separat bestimmt werden. Benutzt man für die äußerste Lamelle die für die Herstellung kleinste Lamellenbreite – wie es ursprünglich von Fresnel konzipiert war (siehe Abb. 3.8) – resultiert das in ein sehr großes und breites mittleres Lamellenelement, das auf der optischen Achse liegt. Da durch diesen mittleren Teil der Hauptteil der Strahlung geht, sollte hier wegen der Absorption möglichst viel optisch passives Material entfernt werden. Die ursprüngliche Idee der Fresnellinsen bzw. die bisher entwickelten *kinoformen* Röntgenlinsen [54, 38] müssen dahingehend modifiziert werden, dass die minimale Lamellenbreite für alle Lamellen gilt; dafür variiert die Höhe der Lamellen (siehe Abb. 3.8).

Fresnels Idee, optisch passives Material zur Gewichtsreduzierung zu entfernen, wurde zum ersten Mal 1991 von Suehiro *et al.* [58] und 1993 von Yang [67] auf die Reduzierung der Absorption übertragen. Lengeler *et al.* [25] und Aristov *et al.* [3] konnten zum ersten Mal solche Linsen realisieren. Auch am IMT wurden ähnliche Strukturen bereits in Nickel hergestellt [39].

3.3.2. Kombination von refraktiven und diffraktiven optischen Elementen

Anstelle einfacher refraktiver Linsen kann als fokussierendes Element auch ein diffraktives optisches Element wie eine Zonenplatte benutzt werden. Eine Zonenplatte ist auch chromatisch (siehe Abb. 3.9), aber während sich die inverse Brennweite einer refraktiven Linse mit dem Quadrat der Wellenlänge ändert, ist die inverse Brennweite der Zonenplatte proportional zur Wellenlänge:

$$f_{\text{Linse}} \propto \frac{1}{\lambda^2}, \qquad f_{\text{Zoneplatte}} \propto \frac{1}{\lambda}. \tag{3.3}$$

Die relative Differenz der Brennweite für den Bereich von 9 keV - 12 keV liegt für SU-8 Linsen im Bereich von 0,56, dagegen bei Zonenplatten im Bereich von 0,28.

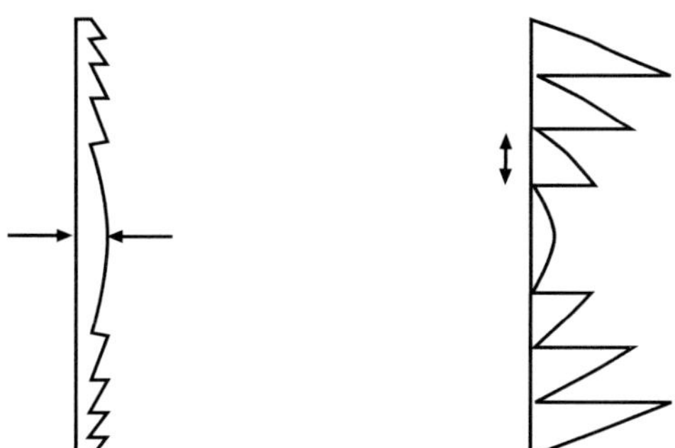

Abbildung 3.8.: Vergleich unterschiedlicher Fresnellinsenarten. Bei der urpsrünglich von Fresnel vorgeschlagene Form werden die Lamellen nach außen hin immer kleiner, die Dicke der Linse bleibt konstant (links). Um die allgemeine Dicke zu reduzieren, wird für die hier simulierten Fresnellinsen die minimale Lamellenbreite für jede Lamelle genommen, so wird die Dicke der mittleren Lamellen reduziert und die Transmission erhöht (rechts).

Schematisch ist ein solcher Achromat in Abb. 3.10 dargestellt. Eine Kombination aus diffraktiven und refraktiven optischen Elementen wurde im Bereich der Astrophysik erstmals 2001 von Skinner [49, 50, 51] und später auch von Wang *et al.* [64] behandelt. Auch hier kann zur Reduzierung der Absorption die defokussierende, brechende Linse durch eine Fresnellinse ersetzt werden. Zonenplatten werden vor allem für weiche Röntgenstrahlung benutzt. Im harten Röntgenbereich können sie noch nicht die Qualität von CRLs erreichen. Daher sollte eine solche Kombination vorerst nur für Energien bis maximal 10 keV in Erwägung gezogen werden.

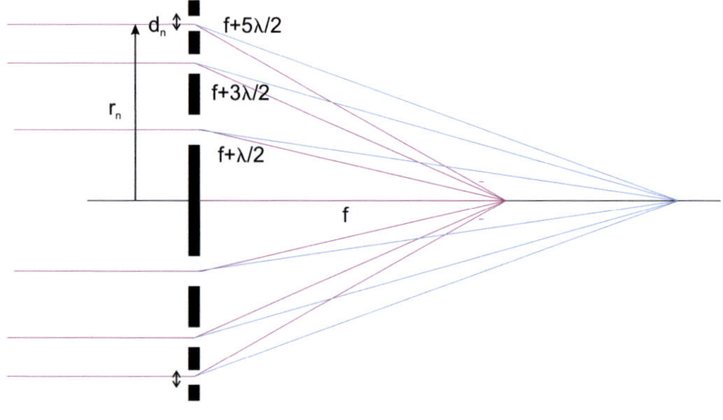

Abbildung 3.9.: Auch bei einer Zonenplatte gibt es chromatische Aberration, die durch Beugung entsteht. Die Wellenlängenabhängigkeit der Brennweite f ist hier $f \propto \lambda^{-1}$.

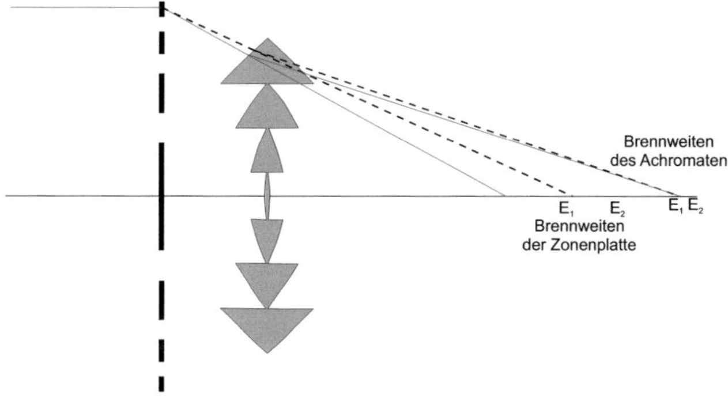

Abbildung 3.10.: Reduktion der chromatischen Aberration einer Zonenplatte durch Kombination mit einer bikonvexen Fresnellinse.

4. Simulationen zu Achromaten

Im folgenden Kapitel wird zunächst durch eine analytische Herleitung gezeigt, dass ein Achromat, bestehend aus bikonvexen und bikonkaven refraktiven Linsen mit bestimmten Randbedingungen, prinzipiell funktionieren kann. Um die theoretische Realisierbarkeit solcher refraktiver Achromaten und die eines diffraktiv-refraktiven Achromaten (wie er in Kapitel 3 vorgestellt wurde) zu überprüfen, wurden numerische Simulationen entwickelt, die im Anschluss vorgestellt werden. Mit diesen Simulationen sollen geeignete Parameter zur Herstellung solcher Linsen gefunden werden. Die Simulationen variieren bei dieser Suche vor allem im Hinblick auf die verschiedenen Anwendungsmöglichkeiten. Die Ergebnisse der numerischen Simulationen werden im Anschluss an die analytische Herleitung in diesem Kapitel vorgestellt. Alle numerischen Simulationen und auch die praktische Umsetzung wurden bisher lediglich für eindimensionales Fokussieren durchgeführt.

4.1. Theoretische Überlegungen und analytische Herleitung

Die Brennweite f von brechenden Linsen kann sowohl im sichtbaren als auch im Röntgenspektrum durch die Linsenformel (2.15) für dünne Linsen beschrieben werden:

$$f_{\text{konkav/konvex}} = \pm \frac{R}{2n\delta(\lambda)}$$

Dabei ist $\pm R$ der Krümmungsradius, der durch das variable Vorzeichen die Krümmungsrichtung festlegt. Mit $+$ wird die konkave Linsenform mit einem Brennpunkt in der reellen Bildebene beschrieben, während konvexe Linsen einen negativen Krümmungsradius und damit eine negative Brennweite haben (in beiden Fällen für Röntgenlicht). Die linsen- und materialspezifischen Parameter können durch a bzw. b zusammengefasst werden, und man erhält aus $\delta(\lambda) \propto \lambda^2$ die direkte Abhängigkeit von der Wellenlänge.

$$\frac{1}{f_{\text{konkav}}} \;=\; +\sum_i \frac{1}{f_i} = \lambda^2 \sum_i a_i = \lambda^2 a \tag{4.1}$$

$$\frac{1}{f_{\text{konvex}}} \;=\; -\sum_i \frac{1}{f_i} = -\lambda^2 \sum_i b_i = -\lambda^2 b. \tag{4.2}$$

Werden zwei Linsen kombiniert, wie es beim Achromaten im sichtbaren Spektrum der Fall ist, werden die inversen Brennweiten addiert:

$$\frac{1}{f} = \frac{1}{f_{\text{kav}}} + \frac{1}{f_{\text{vex}}} \;=\; \lambda^2 a - \lambda^2 b \;=\; (a-b)\lambda^2. \tag{4.3}$$

Soll dieses Linsensystem fokussierend sein, muss die Bedingung

$$\frac{1}{f} > 0 \qquad \rightarrow \qquad a > b \tag{4.4}$$

erfüllt sein. Um eine geeignete Lösung zu finden, darf sich die Brennweite bei Variation der Energie nicht ändern. Die daraus resultierende zweite Bedingung steht im Widerspruch mit (4.4):

$$\frac{\partial}{\partial \lambda} \frac{1}{f} = 0 \qquad \rightarrow \qquad a = b. \tag{4.5}$$

Die vereinfachte Formel für ein achromatisches Doublet, das keinen Abstand zwischen den Linsen hat (Abb. 3.2, a)), kann hier also nicht angewendet werden [19]. Wenn man darüber hinausgehend zwei durch die Herstellung hervorgerufene Randbedingungen beachtet, kann man zu einem positiven Resultat kommen. Da die gewöhnlichen CRLs eine gewisse Länge L haben, muss die Formel (2.16) für lange Linsen herangezogen werden. Die beiden konträren Linsen werden mit Abstand l zueinander auf der optischen Achse ausgerichtet. Auch dieser Abstand l muss bei der Brennweitensuche berücksichtigt werden und so erhält man folgende Formel:

$$\frac{1}{f} = \frac{1}{\frac{1}{a\lambda^2} + \frac{L_1}{6}} + \frac{1}{\frac{1}{-b\lambda^2} + \frac{L_2}{6}} - \frac{l}{\left(\frac{1}{a\lambda^2} + \frac{L_1}{6}\right)\left(\frac{1}{-b\lambda^2} + \frac{L_2}{6}\right)}. \tag{4.6}$$

Mit $b = c \cdot a$ erhält man für die inverse Brennweite nun

$$\frac{1}{f} = \frac{6a\lambda^2(-6 + c(6 + a(-6l + L_1 + L_2)\lambda^2))}{(6 + aL_1\lambda^2)(-6 + acL_2\lambda^2)}. \tag{4.7}$$

Variiert man in dieser Gleichung wieder die Wellenlänge analog zu Gleichung (4.5), erhält man verschiedene Lösungen mit den Bedingungen $c > l$ (für λ_2) und $c < l$ (für λ_4):

$$\to \lambda_1 = 0$$

$$\to \lambda_{2,3} = \pm\sqrt{6}\sqrt{\frac{-1 + c}{ac(6l - L_1 - L_2) + \sqrt{a^2c(6l + L_1 + cL_2)(L_1 + c(-6l + L_2))}}}$$

$$\to \lambda_{4,5} = \pm\sqrt{6}\sqrt{\frac{-(-1 + c)}{ac(6l + L_1 + L_2) + \sqrt{a^2c(6l + L_1 + cL_2)(L_1 + c(-6l + L_2))}}}$$

Dabei sind die Lösungen $\lambda_{1,3,5}$ unphysikalisch ($\lambda_1=0$, $\lambda_{3,5}$ sind negativ). Um für bestimmte Energiebereiche geeignete Parameter zu finden, ist diese Formel eher ungeeignet. Dennoch ist dieses Resultat sehr wichtig: es zeigt, dass ein Achromat unter den beschriebenen Bedingungen im Röntgenspektrum prinzipiell realisierbar sein muss. In die obige Formel können nun Parameter zur Überprüfung eingesetzt werden, und man erhält tatsächlich eine Lösung für ein achromatisches System.

4.2. Simulation von Achromaten zur 'Variation der Energie'

Nachdem analytisch gezeigt wurde, dass Achromaten aus einer Kombination von CRLs prinzipiell funktionieren, sollen nun Achromatsysteme unter bestimmten Randbedingungen gefunden und optimiert werden. Um geeignete Parameter für ein achromatisches System zu finden, muss das Verhalten der elektromagnetischen Wellen beim Durchlaufen der röntgenoptischen Geräte beobachtet bzw. simuliert werden. Für die in Kapitel 3 beschriebene Anwendung eines Achromaten zur schnellen Variation der Energie in einem bestimmten Energiebereich wurden verschiedene numerische Simulationen entwickelt. Ausgangspunkt ist eine beliebig ausgedehnte Quelle q,

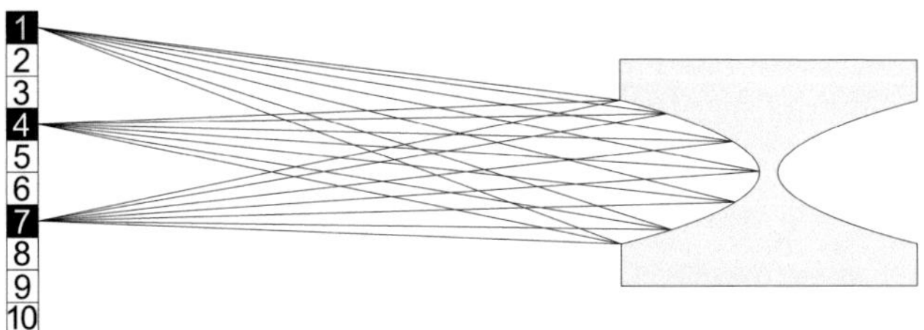

Abbildung 4.1.: Schematische Darstellung des Simulationsaufbaus. Eine ausgedehnte Quelle (q·10μm), bestehend aus q Punktquellen (hier $q = 10$), strahlt w Strahlen ab. Diese treffen gleichmäßig verteilt auf der Oberfläche der ersten Linse auf.

von der Strahlen auf die erste Linsenoberfläche geschickt werden. Die Strahlen treffen gleichmäßig verteilt auf der Linsenoberfläche auf (siehe Abb. 4.1) und werden gebrochen. Die neue Strahlrichtung wird berechnet, und so werden alle Schnittpunkte von den Strahlen mit den einzelnen Linsenoberflächen durch das gesamte Linsensystem verfolgt. Diese Schnittpunkte können beim Programmdurchlauf mitgeschrieben werden. So kann später der Strahlenverlauf zur Kontrolle graphisch aufgetragen werden (siehe Abb. 4.2). Wenn der letzte Strahl die letzte Linse durchlaufen hat, wird die optische Achse millimeterweise abgerastert und zu jedem Punkt der optischen Achse die maximale Ausdehnung der Strahlverteilung senkrecht zur optischen Achse ($\hat{=}$ Strahlbreite) ermittelt. Dabei werden alle Strahlen unabhängig von ihrer Intensität mit einbezogen. Anschließend wird der Punkt auf der optischen Achse gesucht, der die kleinste Strahlbreite hat.

Der Energiebereich, für den der Achromat optimiert werden soll, wird durch drei Energien repräsentiert (mittlere Energie E_2, maximale Energie E_3 und minimale Energie E_1). Es wird sowohl die Strahlbreite für jede einzelne Energie (bei den Brennweiten f_1, f_2, f_3), als auch die minimale Gesamtstrahlbreite für den betrachteten Energiebereich (bei der Brennweite f_{gesamt}) berechnet. In der Simulation werden in einer Routine zunächst diese vier Strahlbreiten der bikonkaven CRL, danach in einer weiteren Routine diese vier Strahlbreiten des Achomaten gesucht.

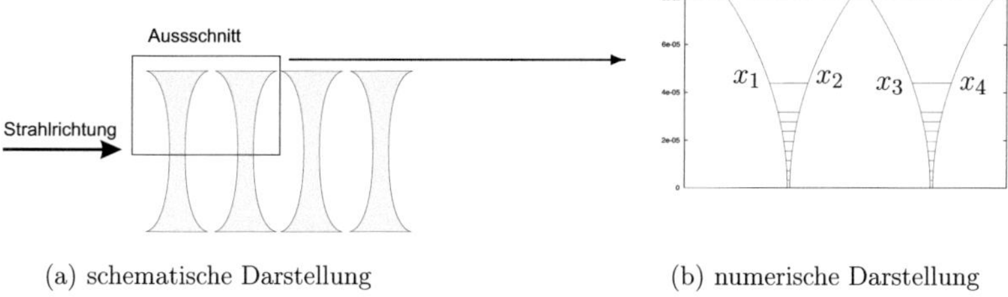

(a) schematische Darstellung   (b) numerische Darstellung

Abbildung 4.2.: Strahlenverlauf durch die bikonkaven Linsen. Beispielhaft sind einige Strahlen bei ihrem Lauf durch zwei der über 20 bikonkaven Linsen dargestellt. Die Schnittpunkte (x_1, x_2, x_3, x_4) mit den Linsenoberflächen werden im Programm berechnet und ausgegeben, so kann das Ergebnis auf Plausibiliät geprüft werden. Ausgangs- und erster Schnittpunkt sind für alle Energien gleich, dann fächern die Schnittpunkte der einzelnen Energien auf den Linsenoberflächen wegen des dispersiven Brechungsindex leicht auf.

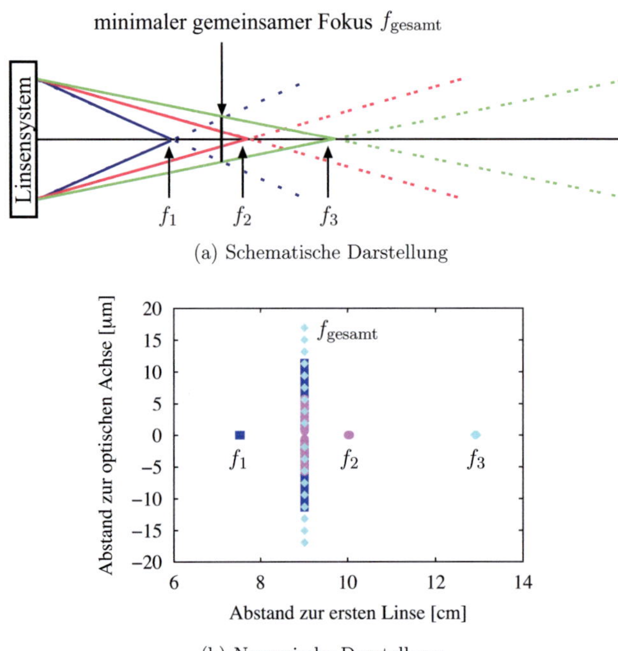

(a) Schematische Darstellung

(b) Numerische Darstellung

Abbildung 4.3.: Brennweite und Strahlbreite der chromatischen CRL für drei Energien. Die Schnittpunkte der verschiedenen Strahlen mit der optischen Achse sind für jede der drei Energien diskret und bestimmen die Brennweiten (f_1, f_2, f_3). Die daraus resultierende gemeinsame minimale Strahlbreite f_{gesamt} für die drei betrachteten Energien ist groß. Hier wurde eine kleine Quelle von nur $10\,\mu$m laterale Ausdehnung gewählt, wodurch die Schnittpunkte der einzelnen Strahlen mit der optischen Achse sehr konzentriert sind.

Ein Linsensystem wird vor allem durch den Krümmungsradius R und die Linsenanzahl n charakterisiert. Bei der Suche nach geeigneten Parametern (R und n) für einen bestimmten Energiebereich durchläuft das Programm einen vorgegebenen Bereich an Parameterkombinationen und sucht nach der Kombination für die kleinste Gesamtstrahlbreite eines chromatischen (rein bikonkaven) Systems und eines achromatischen Systems. In Tabelle 4.1 ist eine Aufstellung der variierenden, der vorher frei wählbaren Parameter und der vom Programm berechneten und ausgegebenen Größen zu finden. Die Kombination, bei der die kleinste Strahlbreite gefunden wurde, kann nun herangezogen werden und durch verschiedene Kontrollen verifiziert werden. Bei solchen Tests können z.B. der Strahlenverlauf durch das Linsensystem (siehe Abb. 4.2), die Schnittpunkte mit der optischen Achse, die dabei entstehende minimale Gesamtausdehnung senkrecht zur optischen Achse des chromatischen (siehe Abb. 4.3) und des achromatischen Systems (siehe Abb. 4.4) kontrolliert werden.

Die Parameter, die die resultierende Strahlbreite am meisten beeinflussen, sind die Krümmungsradien des bikonkaven und des bikonvexen Systems (für alle Linsen eines Systems gleich) und die jeweiligen Linsenanzahlen. Die Abstände zwischen den Linsen innerhalb einer CRL werden so klein wie möglich gehalten, wobei der minimale Abstand von $50\,\mu$m durch die Herstellung begrenzt ist. Auch die Größe der Lamellen kann variiert werden. Je kleiner die Lamellen sind, desto weniger Material muss durchlaufen werden. Allerdings muss eine Mindestgröße gewahrt werden da der Herstellungsprozess Grenzen setzt.

Die Absorption, die im Röntgenspektrum eine entscheidende Rolle spielt, wurde numerisch, aber separat für das gesamte Linsensystem berechnet. Dabei wurde den Rechnungen die allgemeine Transmissionsformel [24,25]

$$T = \frac{2}{ap} \int_0^{ap} dx\, e^{-\mu \frac{nx^2}{2R}} \tag{4.8}$$

zugrunde gelegt. Hier sind ap die halbe Apertur und R der Krümmungsradius. Aus der Tranmission T, der Apertur und der minimalen Strahlbreite b kann dann der *gain* g berechnet werden.

$$g_{\text{lin}} = T \frac{ap}{b} \tag{4.9}$$

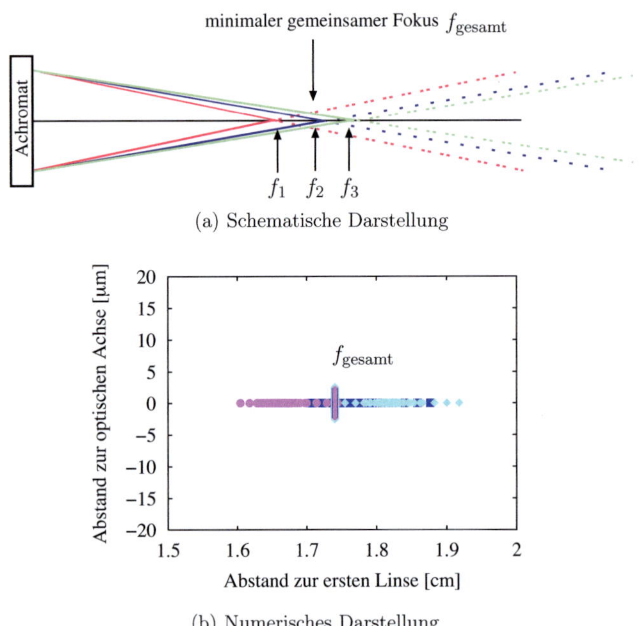

(a) Schematische Darstellung

(b) Numerisches Darstellung

Abbildung 4.4.: Bikonkave CRL und bikonvexe Fresnellinsen. Die Schnittpunkte der verschiedenen Strahlen mit der optischen Achse sind für die einzelnen Energien nicht mehr diskret, sondern um den jeweiligen Brennpunkt verschmiert. Diese verschmierten Brennpunkte der verschiedenen Energien überlappen sich. Die daraus resultierende minimale Strahlbreite f_{gesamt} für die drei betrachteten Energien wird wesentlich kleiner als beim chromatischen System. (Hier wurde eine kleine Quelle von nur $10\,\mu$m laterale Ausdehnung gewählt.)

Abkürzung	Beschreibung	
q	Größe der Quelle (x-Richtung)	
s	Abstand der Quelle zur Linse (in y-Richtung)	
$E_{1,2,3}$	Energie	
$\delta(m, E)$	Brechzahldekrement, je Material und Energie	
$\beta(m, E)$	Absorptionskoeffizient je Material und Energie	
st1	Stegbreite des bikonkaven Systems	frei
st2	Stegbreite der Fresnellinsen	wählbar
ap	halbe Linsenapertur (in X-Richtung)	
lamelle	Lamellengröße in x-Richtung	
d_1	Abstand der bikonkaven Linsen untereinander	
d_2	Abstand der Fresnellinsen untereinander	
l	Abstand der beiden Linsensysteme	
$R_{1,min}, R_{1,max}$	Krümmungsradius der bikonkaven Linsen	
$m_{1,min}, m_{1,max}$	Anzahl der bikonkaven Linsen	Variation zur
$R_{2,min}, R_{2,max}$	Krümmungsradius der bikonvexen Fresnellinsen	Parametersuche
$m_{2,min}, m_{2,max}$	Anzahl der bikonvexen Fresnellinsen	
$ff_{bik}(E)$	Strahlbreite der bikonkave CRL je Energie	
ff_{bik}	Strahlbreite der bikonkaven CRL aller Energien	
$ff(E)$	Strahlbreite des Achromaten je Energie	Ausgabe
ff	Strahlbreite des Achromaten für alle Energien	
L	Linsenlänge	

Tabelle 4.1.: Parameter, die vor Programmstart je nach Systemvoraussetzungen (Strahlrohr, Material, Energiebereich) angepasst werden können und Werte, die ausgegeben werden.

$$g_{\text{punkt}} = T \frac{ap^2}{b_x b_y}$$

Dabei ist g_{lin} der berechnete *gain* bei linearer Fokussierung und g_{punkt} der bei zweidimensionaler Fokussierung. Der *gain* gibt an, wie sich die Intensität im Fokalfleck gegenüber der einfallenden Strahlung verstärkt. Es ist eine sehr hilfreiche Größe, um die Effizienz verschiedener Fokussiersysteme miteinander zu vergleichen. Diese Größe kann nun für achromatische Systeme erweitert werden und man erhält für eine lineare Fokussierung [60, 61]:

$$g_{\text{ges}} = \sum_{e=1}^{n} T_e \frac{1}{n} \frac{ap}{b_{\text{ges}}}. \tag{4.10}$$

Dabei wird über die verschiedenen Energien e summiert, n ist die Anzahl der Energien über die summiert wird und b_{ges} die minimale Strahlbreite aller Energien.

4.3. Numerische Ergebnisse

4.3.1. Bikonkaves Linsensystem und bikonvexe Fresnellinsen

Die Materialwahl

Bei den numerischen Simulationen zu dem rein refraktiven Achromaten wurden verschiedene Materialien untersucht, um zunächst die Funktionsweise eines solchen Systems zu testen. Die Schwierigkeit bei der Materialsuche liegt im wellenlängenabhängigen Brechungsindex $n(\lambda) = 1 - \delta(\lambda) + i\beta(\lambda)$, der schon vor der Entwicklung von Röntgenlinsen zu einer pessimistischen Grundhaltung gegenüber der Realisierbarkeit solcher Linsen geführt hatte [44, 31]. Das Brechzahldekrement $\delta(\lambda)$ aller verschiedenen Materialien, die für brechende Röntgenlinsen zur Verfügung stehen, ist im harten Röntgenbereich quadratisch von der Wellenlänge abhängig ($\delta \sim \lambda^2$) (siehe Gleichung (2.11)). Dadurch verändern sich die verschiedenen $\delta(\lambda)$ quasi parallel zueinander (siehe Abb. 4.5). Nickel und SU-8 haben dabei die größte Differenz ihrer

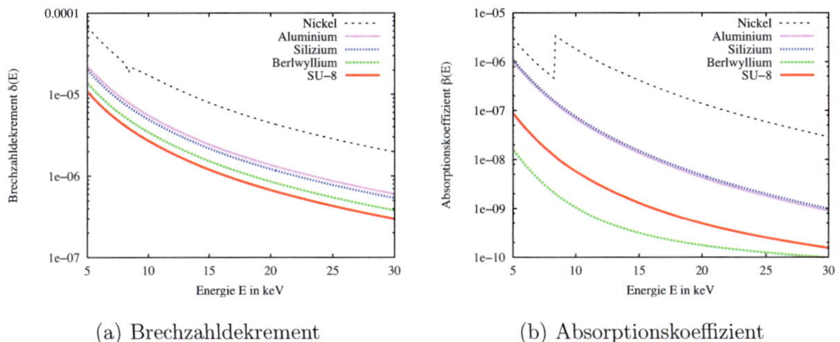

(a) Brechzahldekrement (b) Absorptionskoeffizient

Abbildung 4.5.: Brechzahldekrement $\delta(E)$ und Absorptionskoeffizient $\beta(E)$ verschiedener Röntgenlinsenmaterialien als Funktion der Energie E [13, 40].

Brechzahldekremente, so ist auch der Effekt bei einer Kombination dieser beiden Materialien bei einem achromatischen Linsensystem am größten. Vorteilhafter wäre eine stärkere Diskrepanz der Dispersivitäten, wie es im sichtbaren Spektrum der Fall ist (vergleiche dazu Abb. 3.1 und 4.5). Auch der Absorptionskoeffizient $\beta(\lambda)$ muss bei der Materialwahl berücksichtigt werden, da der zu durchlaufende Weg bei den bikonvexen Fresnellinsen relativ lang ist im Vergleich zu den bikonkaven Linsen (siehe Abb. 4.6). Zwar werden meist nur wenige Fresnellinsen benötigt, aber durch den relativ langen Weg durch die Linse kann dies dennoch zu einer drastischen Reduzierung der Intensität führen. Die Kurven verlaufen hier für die verschiedenen Materialien nicht parallel, dies macht sich später auch in der Detektion der Halbwertsbreiten bemerkbar.

Numerische Tests

Bei ersten numerischen Test wurde das achromatische System zunächst nur auf die Funktionalität des Zusammenspiels zweier verschiedener Brechungsindizes untersucht. Beispielsweise wurden bikonkave SU-8 Linsen mit Nickelfresnellinsen kombiniert und die Veränderung der Strahlbreiten für verschiedene Energiebereiche (u.a.

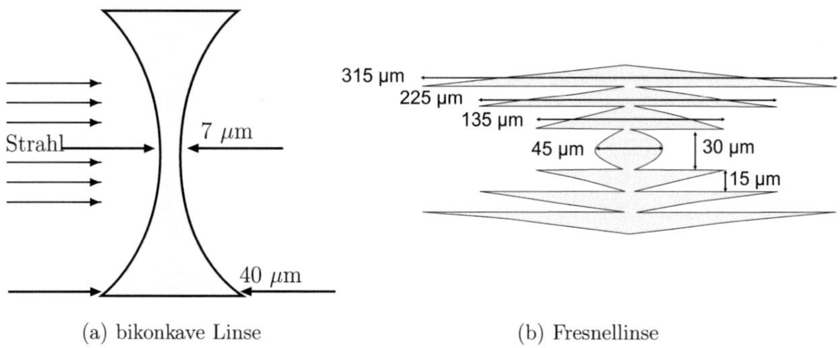

(a) bikonkave Linse   (b) Fresnellinse

Abbildung 4.6.: Im Vergleich zu den bikonkaven Linsen kann der Weg durch eine
Fresnellinse sehr lang sein. Für beide Linsen wurde hier ein Krümmungsradius von $5\,\mu$m gewählt.

9 keV - 12 keV, 14,4 keV-15,6 keV) verfolgt. Wie im sichtbaren Spektrum konnte auch
für den harten Röntgenbereich durch die Kombination von bikonvexen Fresnellinsen
und bikonkaven Linsen eine Verkleinerung der gemeinsamen minimalen Strahlbreite
aller Energien des gewählten Energiebereichs detektiert werden. Dies liegt vor allem
daran, dass die Brennweiten der einzelnen Energien (f_1, f_2, f_3) für ein rein bikon-
kaves System diskret auf der optischen Achse verteilt sind (siehe Abb. 4.3). Beim
Achromaten verschmieren die Brennweiten der einzelnen Energien entlang der optischen Achse (siehe Abb. 4.4), dabei überlappen sie sich und werden einander sehr
ähnlich. Die Fokalflecktaille, die die Strecke entlang der optischen Achse beschreibt,
entlang der der Fokalfleck sich kaum ändert (sie ist mit der bekannten Tiefenschärfe vergleichbar), wird beim Achromaten sowohl für die drei einzelnen Energien, als
auch für den gemeinsamen Fokalfleck des betrachteten Energiebereichs länger. Auch
die Brennweiten der verschiedenen Energien werden für das achromatische System
länger.
Im Folgenden werden beispielhaft die Ergebnisse eines chromatischen und eines
achromatischen Systems miteinander verglichen. Dabei handelt es sich um ein chromatisches System bestehend aus 39 SU-8 Linsen und ein achromatisches System

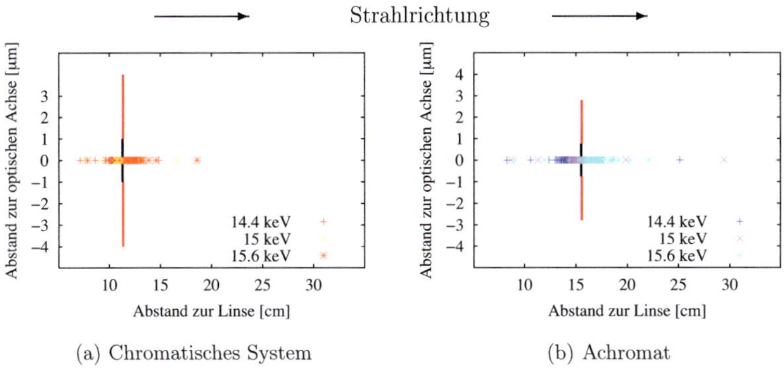

(a) Chromatisches System (b) Achromat

Abbildung 4.7.: Schnittpunkte der einzelnen Energien (14,4 keV, 15 keV und 15,6 keV) mit der optischen Achse für a) Chromat und b) Achromat. Die daraus resultierende minimale Ausdehnung senkrecht zur optischen Achse, die in Abb. 4.8 gegen die Intensität aufgetragen ist, wird hier auch für jedes System im Vergleich dargestellt.

bestehend aus 39 bikonkaven SU-8 Linsen und einer bikonvexen Nickel-Fresnellinse. Ungefähr 300 Strahlen laufen von einer 200 μm großen Quelle los, treffen gleichmäßig verteilt auf der Oberfläche der ersten Linse auf und werden sowohl nach dem Durchlaufen der bikonkaven CRL, als auch nach dem Durchlaufen beider Systeme (bikonkave CRL und bikonvexe Fresnellinse) detektiert.

Abb. 4.7 zeigt die Ausdehnung des kleinsten Gesamtfokalflecks und die Brennweiten (Schnittpunkte der Strahlen mit der optischen Achse) für ein chromatisches (links) und ein achromatisches (rechts) System im Vergleich (siehe dazu die schematischen Zeichnungen aus den Abb. 4.3 und 4.4). Durch die größere Ausdehnung der Quelle (200 μm) schneiden die verschiedenen Strahlen hier die optische Achse nicht nur in einem Punkt. Die Veränderungen der Brennweiten und der minimalen Strahlbreite, die durch das Anfügen bikonvexer Fresnellinsen an eine rein bikonkave CRL entstehen, werden hier deutlich. Die Brennweite f_{gesamt} für die drei Energien wird dort festgelegt, wo die Strahlbreite der drei betrachteten Energien minimal ist. Bei dieser Brennweite werden die Intensitätsverteilungen für die drei Energien separat betrachtet. Für das betrachtete chromatische System werden also die einzelnen Intensitätsverteilungen bei einer Brennweite von 11,3 cm betrachtet (dies entspricht genau der Brennweite der mittleren Energie). Die gemeinsame Brennweite aller Energien des achromatischen Systems liegt bei 15,5 cm. Die minimale Ausdehnung des Strahlenverlaufs senkrecht zur optischen Achse ist beim Achromaten gegenüber dem chromatischen System von insgesamt $8\,\mu$m auf $6\,\mu$m reduziert.

Die für die Linsensysteme verwendeten Parameter wurden mit der ersten Simulation ermittelt. Für die Abbildungen, die auch eine Intensitätsverteilung aufweisen, wurde auf eine zweite numerische Simulation zurückgegriffen, um die Ergebnisse anschaulicher zu machen. Die daraus ermittelten Halbwertsbreiten der drei Energien bei gleicher Brennweite sind in Abb. 4.8 für das chromatische (links) und das achromatische (rechts) System aufgetragen. Während die Halbwertsbreiten des Achromaten eine ähnliche Größe besitzen, kann man beim chromatischen System eindeutig einen scharfen Peak für die mittlere Energie erkennen, während die Halbwertsbreiten der beiden äußeren Energien wesentlich breiter sind und die maximale Intensität deutlich (Faktor 8) geringer ist. Noch klarer wird der Vergleich in Abb. 4.9. Hier ist die Intensitätsverteilung entlang der optischen Achse dargestellt. Die drei linken Peaks gehören zum chromatischen System. Für jede Energie gibt es einen diskreten Peak, der Abstand der jeweiligen Maximalintensitäten ist jeweils ca. ein Zentimeter. Werden an einer diskreten Stelle (f_{chrom}) die Halbwertsbreiten der drei Energien einzeln detektiert (siehe Abb. 4.8), erhält man für die mittlere Energie eine sehr kleine Halbwertsbreite mit hoher Intensität. Für die beiden äusseren Energien werden die Halbwertsbreiten dagegen recht groß, da sie bei f_{chrom} nur eine sehr geringe Intensität (Hintergrundsintensität) haben (das Integral der Intensität senkrecht zur optischen Achse ist für jede Ebene entlang der optischen Achse gleich). Die drei rechten Peaks werden durch den Achromaten erzeugt. Sie sind nicht mehr diskret, sondern verschmieren entlang der optischen Achse. Dadurch kommt es auch zu einer Überlappung der Fokaltaillen der einzelnen Energien. Bei f_{achrom} hat auch die mittlere Energie die größte Intensität, für die beiden äußeren Intensitäten ist auf diesem Punkt der optischen Achse jedoch nicht nur die Hintergrundsintensität vorhanden,

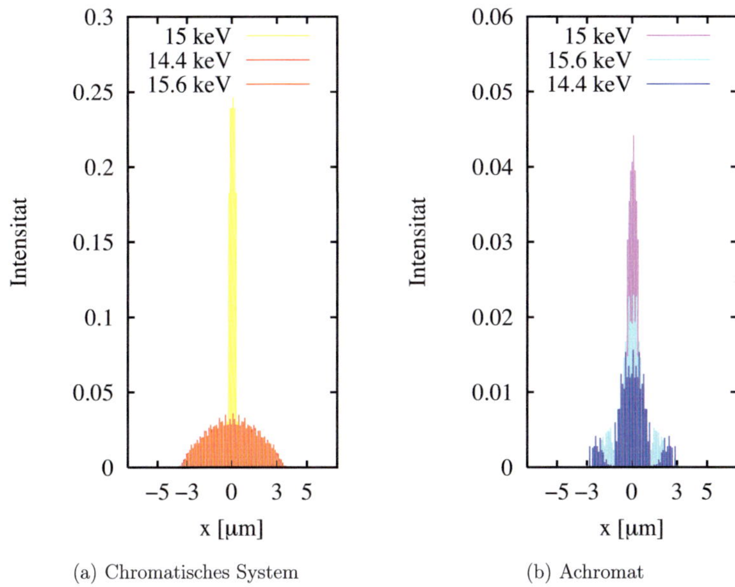

(a) Chromatisches System   (b) Achromat

Abbildung 4.8.: Die Intensitätsverteilung senkrecht zur optischen Achse bei der gemeinsamen Brennweite aus Abb. 4.7 für die drei gewählten Ener-
gien. Brennweite des chromatischen Systems: 11,3 cm, Brennweite
des Achromaten: 15,5 cm (siehe auch die Markierungen in Abb. 4.9).
Während das chromatische System für die mittlere Energie einen
eindeutigen Peak aufweist, sind die Intensitätsverteilungen der beiden äußeren Energien viel breiter und intensitätsärmer. Die Intensitätsverteilung des Achromaten bei den verschiedenen Energien ist
wesentlich gleichmäßiger. (Farbplot)

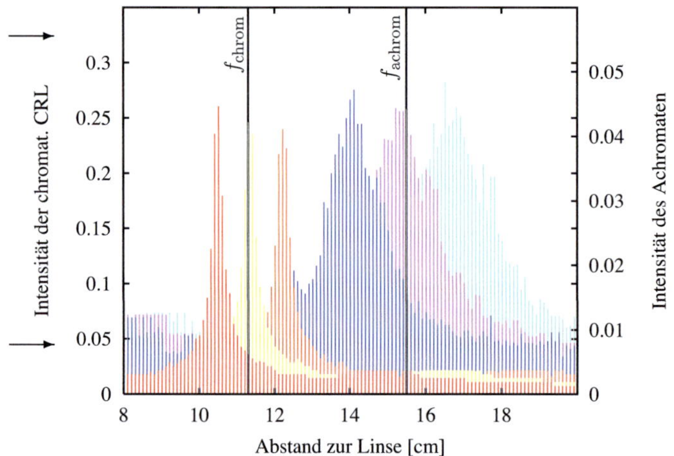

Abbildung 4.9.: Intensitätsverteilung **entlang der optischen Achse** vom chromatischen System (links) und vom Achromaten (rechts). Die Bereiche, bei der die Intensität groß ist ($I \geq I_{\text{max}}/2$), sind beim chromatischen Systems für jede Energie separiert auf der optischen Achse. Jede Energie hat einen diskreten Fokalfleck, der Abstand zwischen den Fokalflecken ist ca. 1 cm. Beim Achromaten sind die Peaks nicht mehr so scharf, sie verschmieren auf der optischen Achse. Dadurch überlappen sich die Fokaltaillen der einzelnen Energien. Die schwarzen Striche bezeichnen jeweils die Ebene, in der die Halbwertsbreiten aus Abb. 4.8 detektiert werden. Hier werden die gemeinsamen Fokalflecke der drei Energien für das jeweilige System am kleinsten. Die Peaks von links nach rechts: 14,4 keV, 15 keV, 15,6 keV (chromatisches System) und 14,4 keV, 15 keV, 15,6 keV (Achromat).

sondern durch die größere Tiefenschärfe werden hier die Strahlen immer noch fokussiert.

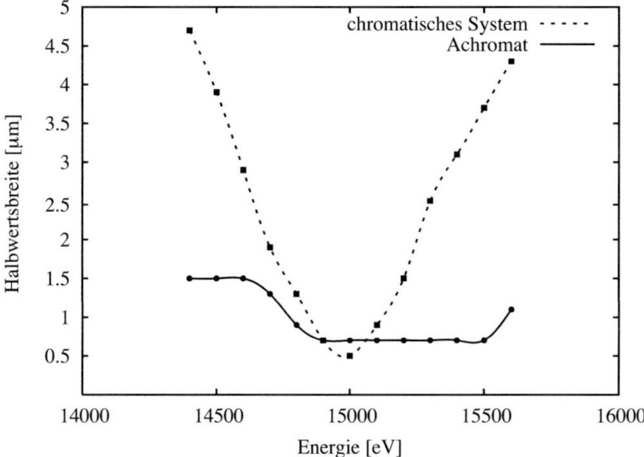

Abbildung 4.10.: Halbwertsbreiten der verschiedenen Energien für das chromatische System bei 11,3 cm und für den Achromaten bei 15,5 cm. Im Bereich von 14,9 keV und 15,5 keV stellt die Kombination aus bikonvexen Fresnellinsen und bikonkaven Linsen einen perfekten Achromaten dar. Die Abweichungen bei den äußeren Energien sind auch lange nicht so groß wie beim chromatischen System.

Dieses Beispiel wurde zur Veranschaulichung der Effekte gewählt. Für ein optimales System müssten die Fokalflecken des gesamten Energiebereichs nun natürlich weitgehend übereinander liegen. Um eine solche Kombination zu erreichen, müssten mehr Fresnellinsen hinzugezogen werden, die jedoch eine zu starke Absorption nach sich ziehen. Darauf wird im nächsten Abschnitt genauer eingegangen. Um solche Ergebnisse zu starker Absorption zu vermeiden, wurde der zu durchsuchende Parameterbereich eingeschränkt. Dadurch liegen die Fokalflecken nun besser als beim chromatischen System, aber nicht *perfekt* übereinander. Das Ergebnis einer genauen Analyse der Halbwertsbreiten der einzelnen Energien in diesem Energiebereich ist in Abb. 4.10 zu sehen. Die Energie wurde in 0,1 keV Schritten im Energiebereich von 14,4 keV bis 15,6 keV durchgefahren. Dabei wurde bei jeder Energie die jeweilige

Halbwertsbreite bei der gleichen Brennweite (f_{achro}=15,5 cm, f_{chrom}=11,3 cm) detektiert. Das Minimum des chromatischen Systems in Abb. 4.10 zeigt, dass an der Stelle der Brennweite von 15 keV detektiert wurde. Der Fokalfleck wird für das chromatische System genau an dieser Stelle minimal. Doch schon bei einer Verschiebung um 0,1 keV steigt die Halbwertsbreite auf das Doppelte an. Beim achromatischen System kann man jedoch eine Angleichung der Fokalfleckgröße über den gesamten Bereich erkennen. Im Bereich zwischen 14,9 kev und 15,5 keV ist die Halbwertsbreite sogar gleich. Dies wäre also ein optimaler Energiebereich für den betrachteten Achromaten. Im gleichen Energiebereich ist die Halbwertsbreite des Chromaten ca. sechs mal größer.

Die Resultate

Unter dem Aspekt einer möglichen Herstellbarkeit wurden verschiedene Materialkombinationen ausgesucht und numerisch simuliert. In Tabelle 4.2 sind die Ergebnisse des jeweils besten chromatischen (also rein bikonkaven) Systems den Ergebnissen für einen Achromaten gegenübergestellt. Untereinander sind jeweils pro System die Ergebnisse für 9 keV, 10,5 keV und 12 keV bei gleicher Brennweite aufgelistet, wobei die jeweils maximale Strahlbreite (fettgedruckt) die limitierende Gesamtstrahlbreite des gesamten Energiebereichs für ein chromatisches und ein achromatisches System widerspiegelt. Die Brennweite wurde so bestimmt, dass die Gesamtstrahlbreite minimal wird. Hervorgehoben (grau hinterlegt) wird außerdem die maximale Differenz zwischen den einzelnen Fokalflecken, die so klein wie möglich sein soll.

Beryllium und SU-8 haben beide einen geringen Absorptionskoeffizienten. Dies zeigt sich in der relativ hohen Transmission (diese ist im hohen *gain* ersichtlich) für einen solchen Achromaten. Allerdings ist der Unterschied in den Brechzahldekrementen auch relativ klein. Dies führt verglichen mit den Materialkombinationen SU-8–Nickel bzw. SU-8–Aluminium zu einer geringeren Strahlbreitenreduzierung.

Aluminium als bikonkave CRL hat für diesen Energiebereich eine zu starke Absorption, kann aber **als Fresnellinse** durch die starke Strahlbreitenreduzierung noch einen brauchbaren *gain* erreichen. Die Tabelle zeigt beim Vergleich der Aluminium und SU-8 Linsen, dass bei der Materialwahl für die bikonvexe Fresnellinse das stärker brechende Material von Vorteil ist. **Nickel und SU-8** haben den größten Unterschied in den Brechzahlen, dafür ist Nickel aber so stark absorbierend, dass es in diesem Energiebereich direkt nach der Absorptionskante des Ni 1s Niveaus kaum Transmission gibt. Sowohl die Kombination mit Nickelfresnellinsen, als auch die Kombination mit den Aluminiumfresnellinsen zeigen hinsichtlich der Fokalfleckgröße und der Fokalfleckdifferenz gute Ergebnisse. Hinsichtlich der Transmission führt in diesem Energiebereich die Kombination mit den Aluminiumfresnellinsen jedoch zu besseren Ergebnissen.

Insgesamt zeigt sich sehr deutlich, dass *beide* Parameter Brechzahl und Absorption für einen Achromaten wichtig sind. Bis zu einer gewissen Linsenanzahl kann die Ausdehnung der einzelnen Strahlbreiten bei einer festen Brennweite angeglichen werden. Mit steigender Fresnellinsenanzahl wird jedoch zum einen die Strahlbreite der einzelnen Energien breiter (dadurch nimmt der *gain* ab), zum anderen nimmt die Intensität vor allem um die optische Achse herum rapide ab, so dass ein Intensitätsloch um die optische Achse entsteht. Ein solches Ergebnis ist in Abb. 4.11 dargestellt. Dies passiert durch die starke Absorption vor allem der mittleren Lamelle der Fresnellinsen. Es ist also nicht nur darauf zu achten, dass sich die Strahlbreiten in ihrer Größe angleichen, gleichzeitig ist auf Linsenanzahl, die Intensitätsverteilung und die Fokalfleckgröße (bei kleinen Fokalflecken ist die Intensität und der *gain* größer) zu achten. Solche Lösungen, wie in Abb. 4.11 sind natürlich unbrauchbar, deshalb muss im Vorfeld darauf geachtet werden, dass der Parameterbereich dahingehend eingeschränkt wird.

4.3.2. Zonenplatte und refraktive Fresnellinse

Mit einer Zonenplatte zur Fokussierung der Röntgenstrahlen und einer refraktiven Fresnellinse zur Korrektur der chromatischen Aberration, können Energiebereiche bis ungefähr 10 keV betrachtet werden. Dies liegt an der Herstellbarkeit der Zonenplatten, die wegen der geringen Breite der äußeren Ringe und des erforderlichen Aspekt-

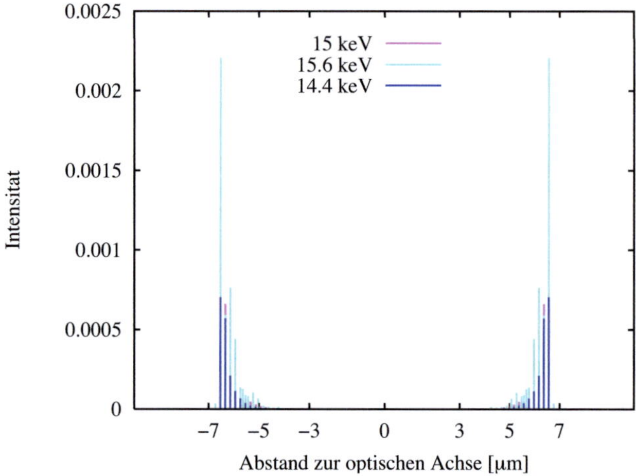

Abbildung 4.11.: Werden zuviele Fresnellinsen zum Ausgleich der chromatischen Aberration benützt, können zwar die Fokalflecken der einzelnen Energien angeglichen werden, allerdings entsteht durch die starke Absorption ein Intensitätsloch um die optische Achse.

Mat. bikonkav	E	Strahlbreite CRL [μm]		Strahlbreite Achro [μm]		$g_{\text{lin}}(E)$	
Mat. Fresnel	[keV]	pro E	Diff.	pro E	Diff.	konkav	Achro.
Be	9	6,72	4,09	1,8	1,8	3,8	13
und	10,5	2,63	6,8	3,6	0,74	11,2	7,8
SU-8	12	**9,43**	2,71	**4,34**	2,54	3,4	7
Al	9	**8,64**	7,18	2,12	2,18	0,016	0,005
und	10,5	1,46	7,18	**4,3**	0	0,2	0,14
SU-8	12	**8,64**	0	**4,3**	2,18	0,16	0,34
SU-8	9	9	7,15	**0,899**	0,005	1,7	11,9
und	10,5	1,85	7,45	0,894	0,134	9,74	20
Al	12	**9,3**	0,76	0,599	0,217	2,4	29
SU-8	9	9	7,15	**0,5**	0	1,753	1,5
und	10,5	1,85	7,45	**0,5**	0,2	10,54	1,9
Ni	12	**9,3**	0,76	0,3	0,02	2,56	3,6

Tabelle 4.2.: Simulation mehrerer Materialkombinationen für einen bestimmten Parameterbereich im Energiebereich zwischen 9 keV und 12 keV. Die Ergebnisse des Systems, bei dem die Strahlbreite minimal wird, sind aufgelistet. Dabei sind neben der Energie zunächst die Strahlbreiten der bikonkaven CRL pro Energie und in der Spalte daneben die Differenzen zwischen den Strahlbreiten gelistet (jeweils von oben nach unten zwischen 9 keV und 10,5 keV, 10,5 keV und 12 keV, 12 keV und 9 keV). Dann folgen die Auflistung für das achromatische System und der *gain* $g_{\text{lin}}(E)$ aus Gleichung (4.9).

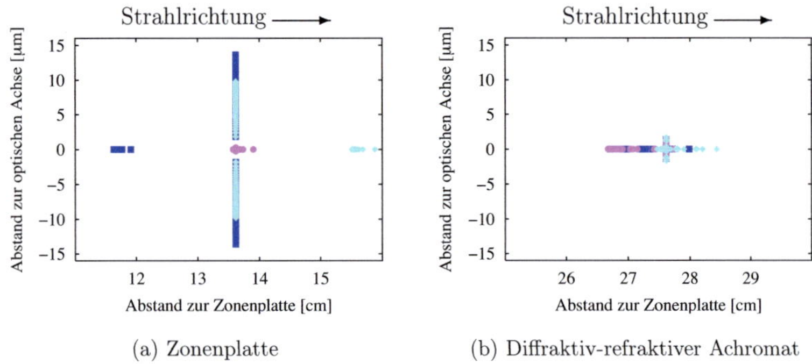

(a) Zonenplatte

(b) Diffraktiv-refraktiver Achromat

Abbildung 4.12.: Vergleich gemeinsamer Fokalflecken einer Zonenplatte und eines Achromaten, bestehend aus einer Zonenplatte und bikonvexen SU-8 Fresnellinsen, für die Energien 9 keV, 10,5 keV und 12 keV (blau ↔ 9 keV, rosa ↔ 10.5 keV, türkis ↔ 12 keV). Bei den Skalen beider Achsen (x-Achse und y-Achse) wurde für beide Systeme ein vergleichbarer Ausschnitt gewählt.

verhältnisses bisher vorwiegend für den weichen Röntgenbereich realisiert werden können. Mit steigender Energie im harten Spektrum sinkt die Effizienz solcher Zonenplatten rapide. Die Materialwahl für das refraktive Element eines solchen Achromaten sollte im wesentlichen an einer niedrigen Absorption orientiert sein. Da Linsen aus Beryllium bisher nicht in der Fresnelstruktur herstellbar sind, ist SU-8 das am besten geeignete Material. Bei den numerischen Simulationen wurden die Parameter einer Zonenplatte von *xradia* benutzt, die – laut Datenblatt – für den Energiebereich von 5 - 24 keV (maximale Effizienz bei 9 keV) verwendbar ist [66]. Bei Variation des Krümmungsradius, der Linsenanzahl der SU-8 Fresnellinsen und des Abstands zwischen den optischen Elementen wurde nach einer Kombination gesucht, bei der der Fokalfleck minimal wird.

In Tabelle 4.3 sind die Ergebnisse der Zonenplatte mit und ohne bikonvexe Fresnellinsen aufgelistet. In Abb. 4.12 sind die Brennweiten und Fokalflecke der Zonenplatte und des Achromaten aus Tabelle 4.3 dargestellt. Die Gesamtstrahlbreite kann stark

	Zonenplatte	diff.-ref. Achromat
Eigenschaften	Gold D=160 μm n=400 d_n=100 nm	Zonenplatte mit 6 bikonvexen SU-8 Fresnellinsen $d_{ZP-Fresnel}$=1 cm
Brennweite	f= 13,6 cm	f=27,6 cm
Fokalflecken (ff) in μm	ff_{9keV}=30 $ff_{10,5keV}$=20 ff_{12keV}=1	ff_{9keV}=0,34 $ff_{10,5keV}$=0,109 ff_{12keV}=2,35
gain	g_{9keV}=0,82 $g_{10,5keV}$=1 g_{12keV}=16	g_{9keV}=3,1 $g_{10,5keV}$=7,7 g_{12keV}=0,2

Tabelle 4.3.: Ergebnisse einer Kombination von Zonenplatte und bikonvexer Fresnellinse. Es wurde die Brennweite gesucht, bei der die maximale Ausdehnung senkrecht zur optischen Achse ($\hat{=}$ Fokalfleck (ff)) minimal wird. Die Fokalflecken der einzelnen Energien bei dieser Brennweite sind gelistet, genauso wie der an diesem Punkt berechnete *gain*. Da nur die Effizienz η der Zonenplatte bei 9 keV vorlag (und dort ist sie maximal), wurde die Effizienz für die anderen Energien abgeschätzt zu $\eta_{9keV} = 31\%$, $\eta_{10,5keV} = 25\%$, $\eta_{12keV} = 20\%$.

reduziert werden. Vergleicht man in Abb. 4.13 die Brennweitenunterschiede einer chromatischen Zonenplatte mit denen einer refraktiven SU-8 CRL, kann man deutlich sehen, dass die chromatische Aberration einer Zonenplatte weniger stark ist als die einer refraktiven Linse (siehe auch (3.3)). Zur Bewertung und zur Umsetzung dieses Ansatzes gibt es jedoch zwei wesentliche Gegenargumente. Erstens stellt sich heraus, dass die Zonenplatte wegen ihrer geringen Effizienz ($\leq 31\,\%$) in diesem Energiebereich keine optimale Alternative ist. Und zweitens schwankt die Fokalfleckgröße sehr stark zwischen den Energien. Die Simulation solcher Achromaten wurde in dieser Arbeit angeschnitten, da der Einsatz von Zonenplatten für die hier diskutierten Anwendungen prinzipiell interessant erscheint und es bereits Vorarbeiten (vor allem

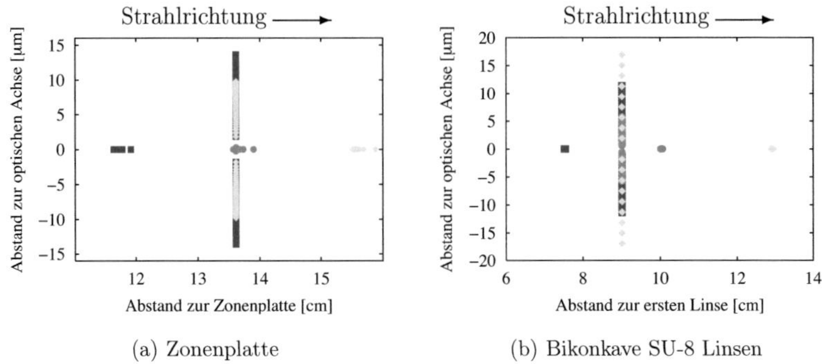

(a) Zonenplatte (b) Bikonkave SU-8 Linsen

Abbildung 4.13.: Vergleich der Brennweiten einer Zonenplatte und einer refraktiven Linse aus SU-8 für die Energien 9 keV-12 keV (blau $\leftrightarrow$ 9 keV, rosa $\leftrightarrow$ 10.5 keV, türkis $\leftrightarrow$ 12 keV).

im Astrophysikbereich, siehe [49, 50, 51, 64]) zu einer Kombination aus diffraktiven und refraktiven Elementen gibt.

4.4. Simulation für Achromaten zum 'Einsatz an breitbandigen Strahlrohren'

Zur Simulation von Achromaten für den Einsatz an breitbandigen Strahlrohren wird ein ähnlicher Aufbau wie in Kapitel 4.2 benutzt. Ausgangspunkt ist eine Punktquelle oder eine ausgedehnte Quelle (bestehend aus q Punktquellen). Von jeder Punktquelle gehen in gleichmäßigen Winkeln w Strahlen ab. Anders als bei der ersten Simulation entspricht in diesem Unterkapitel der maximale Abstrahlungswinkel der Divergenz der Quelle (siehe Abb. 4.14). Die entscheidenden Unterschiede gegenüber der ersten Simulation bestehen vor allem in der Detektion der Fokalflecken ($\hat{=}$ Halbwertsbreite) und der darauf aufbauenden Suche nach geeigneten Parametern für ein achromatisches System. Während für den Achromaten der ersten Simulation jeder monochromatische Strahl und deshalb der Fokalfleck jeder einzelnen Energie wichtig ist, wird für den Einsatz an breitbandigen Strahlrohren nur der Fokalfleck des Gesamtstrahls

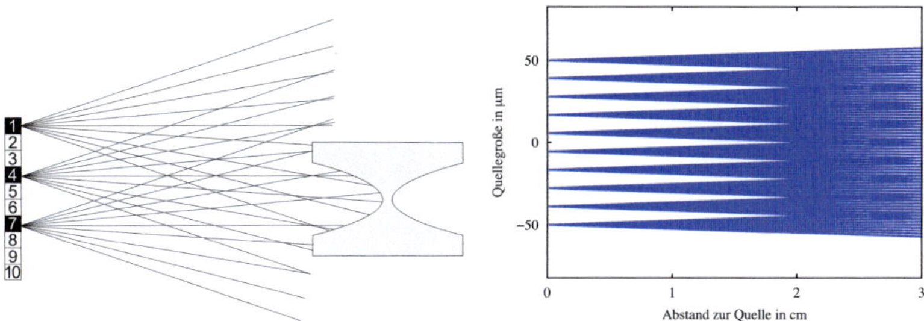

(a) Schema der Strahlverteilung bei der Simulation

(b) Graphische Ausgabe bei der numerischen Simulation

Abbildung 4.14.: Eine ausgedehnte Quelle, bestehend aus q Punktquellen (hier $q =$ 10) strahlt w Strahlen in gleichmäßig verteilten Winkeln ab, wobei der maximale Winkel der Divergenz der Quelle entspricht.

betrachtet. Bei dieser Simulation wird die minimale Halbwertsbreite des breitbandigen Strahls, also aller Energien zusammen, gesucht. Dafür wird die y-Achse (d.h. die optische Achse) abgescannt um den Punkt $(0, y_f)$ mit der maximalen Intensität zu suchen. Die Breite des Fokalflecks wird über den Punkt (x_f, y_f) bestimmt, an dem die Intensität $i(0, y_f)$ auf den halben Wert abgefallen ist. Aus der Intensität und der Fokalfleckgröße wird der *gain* nach Gleichung (4.10) bestimmt. Die Systeme mit dem größten *gain* werden herausgesucht. Da die berechnete Intensität normiert ist und der Gewinn, den man durch eine breitbandigere Monochromatisierung erhalten würde, nicht mit einfließt, muss die Abschätzung des erhöhten Outputflusses aus Kapitel 3.2 noch hinzugezogen werden, um einen Vergleich mit herkömmlichen (also monochromatischen) Systemen zu bekommen.

Bei den Simulationen wurden mehrere visuelle Kontrollen eingebaut, um die Plausibilität der Ergebnisse zu überprüfen. Dazu gehören die Prüfung des Strahlenverlaufs inklusive der Abnahme der Intensität, die Kontrolle der berechneten Daten wie Gesamtfokalfleck, Brennweite und Intensität durch Aufzeichnung der Daten in der Detektorebene. Die Plausibilitätskontrollen können im Anhang A.1 nachgeschlagen werden.

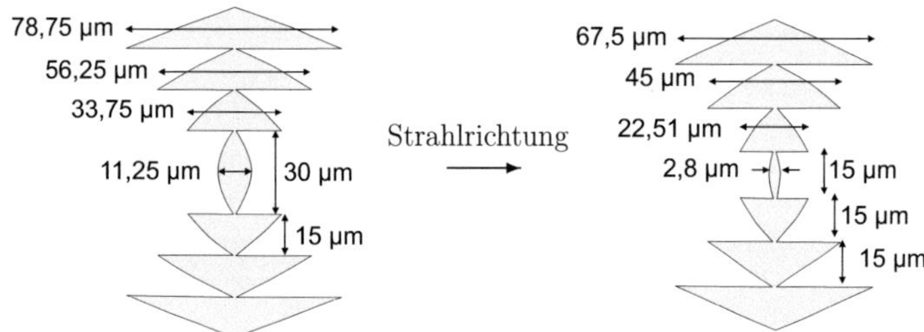

Abbildung 4.15.: In der linken Abbildung ist das alte Layout, in der rechten Abbildung das verbesserte Layout gezeigt, beide bei einem Krümmungsradius von $20\,\mu$m. Vor allem bei der mittleren Lamelle wird wesentlich weniger Material durchlaufen.

Neben der Detektion wurde auch ein neues Design verwendet, das hinsichtlich der Absorption Verbesserungen aufweist. Beim ursprünglichen Layout wurde die Lamellengröße auf $15\,\mu$m festgesetzt (siehe Kapitel 4.2). Aus Symmetriegründen wurde bei der numerischen Simulation an der Mittelachse gespiegelt, so dass die mittlere Lamelle $30\,\mu$m breit wurde. Diese mittlere Lamelle wurde nun auf $2 \cdot 7.5\,\mu\text{m} = 15\,\mu$m reduziert. Wie in Abb. 4.15 ersichtlich, kann dadurch vor allem bei der mittleren Lamelle, also um die optische Achse herum, das optisch passive Material reduziert und somit die Transmission erhöht werden. Genau auf diese Lamelle treffen die meisten und die intensitätsreichsten Strahlen, da die Strahlen durch die Fokussierung zusammenlaufen und die bikonkave Linse im Mittelteil am wenigsten absorbiert (siehe Abb. 3.6). Es wurde bereits erwähnt, dass eine zu starke Absorption der mittleren Lamelle sogar zu einem Intensitätsloch im Fokalfleck führen kann (siehe Bilder 4.11 und 6.9).

4.5. Numerische Ergebnisse

Diverse Bandbreiten von $2\,\%$, $4\,\%$, $8\,\%$ und $20\,\%$ wurden für Energien um $15\,$keV, $35\,$keV und $60\,$keV betrachtet. Für die geplante Anwendung sind Bandbreiten bis zu 10 % realistisch; die Bandbreite von 20 % wurde hinzugenommen, um Aussagen über allgemeine Entwicklungsmerkmale machen zu können. Es wurden verschiedene Materialkombinationen numerisch simuliert und ausgewertet. Im Folgenden werden zunächst die Ergebnisse einer Kombination von bikonkaven SU-8 Linsen und bikonvexen Nickelfresnellinsen ausführlich diskutiert. Anschließend wird eine vergleichende Auswertung zwischen den Materialkombinationen vorgenommen. Dabei ist – wenn nicht anders erwähnt – eine 200 μm große Quelle Ausgangspunkt mit einem Abstand von ca. 13 m. Dies sind Bedingungen, wie sie an einer Synchrotronquelle (wie in diesem Fall ANKA) gegeben sein können. Es wurden ca. 1400 Strahlen pro Energie gleichmässig[1] über die Quelle verteilt losgeschickt, von denen jeweils ca. 30 % in der Detektorebene ankamen. Diese ca. 400 Strahlen waren gleichmässig über die Linsenoberfläche verteilt, womit eine gute Statistik gewährleistet wurde.

4.5.1. Bikonkave SU-8 Linsen und bikonvexe Nickelfresnellinsen

Wie erwähnt, wurden bei den numerischen Simulationen für den Energiebereich um 35 keV verschiedene Bandbreiten ausgewählt. Dabei konnte bei allen untersuchten Bandbreiten (2 %, 4 %, 8 % und 20 %) eine Reduzierung der Halbwertsbreite beobachtet werden. Die dabei gewählte Auflösung von 0,1 μm ist relativ grob und hat seine Begründung darin, dass die Rechenzeit durch eine feinere Auflösung enorm erhöht wird.

Die Auswertung verschiedener numerischer Simulationen in unterschiedlichen Energiebereichen (siehe Kapitel 4.5.2) und mit verschiedenen Bandbreiten hat gezeigt, dass man nicht *das optimale System* finden kann, sondern nur ein System für gegebene Voraussetzungen optimieren kann. Solche Vorgaben könnten neben Fokalfleckgröße und Brennweite auch ein Parameterbereich oder sogar eine gegebene bikonkave CRL sein, die mittels einer Fresnellinse zu einem Achromaten erweitert wird. Durch Anein-

---

[1] Gleichmäßigkeit wurde angenommen, weil die genaue Quellgeometrie und Quellverteilung nicht bekannt ist und sich das Ergebnis qualitativ nicht ändert.

anderreihen von bikonkaven und bikonvexen Fresnellinsen werden die Schnittpunkte der Strahlen mit der optischen Achse entlang der optischen Achse verschmiert. Die Brennweite wird länger und durch das Strecken der Fokaltaille (Ausdehnung entlang der optischen Achse) kommt es zu Überlappungen der Verteilungen der einzelnen Energien. Dies konnte bereits im Kapitel 4.2 gezeigt werden. Dabei kommt es zu einer allgemeinen Verjüngung der Ausdehnung senkrecht zur optischen Achse für den gesamten Energiebereich.

Im Folgenden werden zur Veranschaulichung einige Systeme herausgegriffen. Diese Linsensysteme sind für den Energiebereich um 35 keV und eine Bandbreite von 8 % optimiert. Ein Vergleich der detektierten Intensitätsverteilung in der jeweiligen Fokalebene eines rein bikonkaven Systems mit der eines achromatischen Systems ist in Abb. 4.16 zu sehen. Dabei ist eine Reduzierung der Ausdehnung des achromatischen Systems senkrecht zur optischen Achse zu sehen. Auch in Abb. 4.17 wird die Intensitätsveteilung des Energiebereichs von 35 keV± 4% diesmal als Kontur dargestellt. Wieder handelt es sich um eine chromatische CRL und eine durch Fresnellinsen zu einem Achromaten erweiterte CRL. Durch die Kennzeichnung der Halbwertsbreite wird die Reduktion des Fokalflecks deutlicher. Für Anwendungen ist der Vergleich eines Achromaten an breitbandigeren Strahlrohren (Bandbreite 8% mit 250-fach höheren Fluss) mit einer bikonkaven CRL bei monochromatischem Licht (realistisch wäre eine Bandbreite von $\Delta E/E = 10^{-4}$, bei den Simulationen wurde aber immer mit dem absoluten Wert gerechnet) notwendig, wobei ersterer einen 100-fach höheren Outputfluss bei etwas vergrößerter Halbwertsbreite (hier ca. 10 %) liefert. Ein solcher Vergleich ist in Abb. 4.18 zu sehen. Der Fokalfleck einer bikonkaven CRL bei 35 keV wird hier mit dem Fokalfleck eines Achromaten bei 35 keV ± 4% verglichen. Für den Achromaten wurde der höhere Outputfluss der breitbandigen Quelle berücksichtigt (4.18, linke Achse). Die Kennzeichnung der Halbwertsbreiten zeigt eine etwas größere Halbwertsbreite des Achromaten, allerdings bei einer wesentlich höheren Intensität.

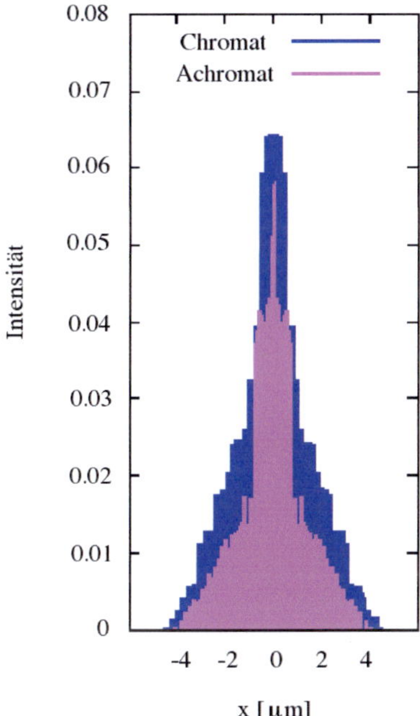

Abbildung 4.16.: Intensitätsverteilungen eines chromatischen und eines achromatischen Systems senkrecht zur optischen Achse für ein Energiefenster von $35\,\text{keV}\pm 4\%$. Es handelt sich um ein System aus bikonkaven SU-8 Linsen (Chromat) und um dasselbe System mit angehängten bikonvexen Ni-Fresellinsen (Achromat). Die Ausdehnung senkrecht zur optischen Achse und die Halbwertsbreite können durch den Achromaten reduziert werden.

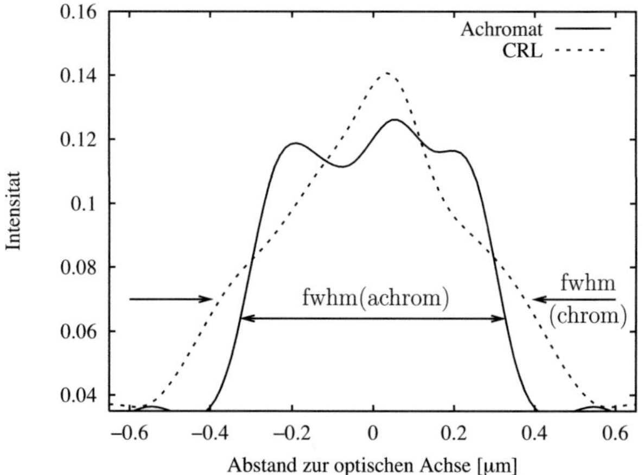

Abbildung 4.17.: Intensitätsverteilung senkrecht zur optischen Achse eines chromatischen und eines achromatischen Systems für ein Energiefenster von 35 keV ± 4%. Es handelt sich hier um ein System aus bikonkaven SU-8 Linsen (Chromat) und um dasselbe System mit bikonvexen Ni-Fresellinsen angehängt (Achromat). Die Ausdehnung senkrecht zur optischen Achse, genauso wie die Halbwertsbreite kann durch den Achromaten reduziert werden. Die leichte Asymmetrie in den Kurven kommt von der numerischen Detektierung, da hier eine Intervallbreite von 100 nm gewählt wurde und Intevallgrenzen immer nur einem Intervall zugeordnet wurden.

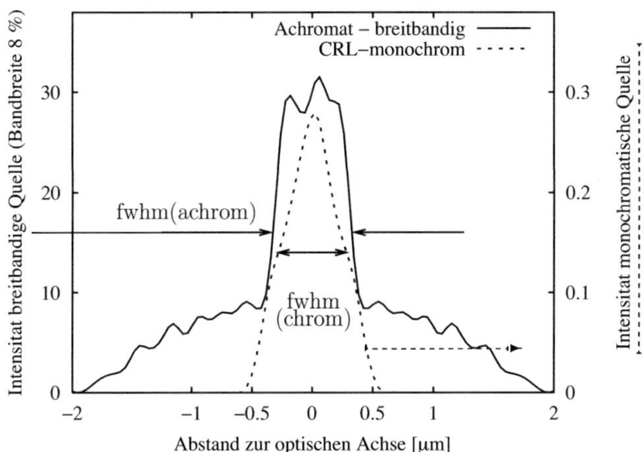

Abbildung 4.18.: Vergleich einer rein monochromatischen Fokussierung mit einer breitbandigen Fokussierung. Dabei ist der größere Outputfluss nach Kapital 3 abgeschätzt. Aufgetragen ist die Intensitätsverteilung in der Fokalebene eines Achromaten bei einer breitbandigen Quelle von 35 keV ± 4%. Die Halbwertsbreite (hier durch die Pfeile gekennzeichnet) des Achromaten ist um nur weniges größer, als die des monochromatischen Strahls, während die Intensität des Fokalflecks des Achromaten durch den großen Outputfluss bei einer breitbandigen Quelle um das 100-fache größer ist (links) als die Intensität des Fokalflecks der monochromatischen Quelle (rechts).

4.5.2. Variation der Parameter

Bei der Suche nach einem geeigneten achromatischen System werden die Krümmungs-radien der beiden Linsensysteme, die Anzahl der jeweiligen Linsentypen und der Abstand zwischen den beiden CRLs variiert. Hält man einen Teil der Parameter konstant und ändert nur die übrigen Parameter, kann man deren Einfluss auf das System überprüfen. Im Folgenden werden die Einflüsse einiger Parameter verdeut-licht.

Variation des Abstands

Wie in Abb. 4.19 ersichtlich, führt die Variation des Abstands zwischen den beiden Systemen (x-Achse) nur zu einer Verschiebung des Fokalfecks (heller/gelber Bereich) entlang der optischen Achse (y-Achse). Während die Größe des Fokalflecks entlang der Verschiebung ungefähr gleich groß bleibt, wird die Brennweite mit größer wer-dendem Abstand kürzer. Der Abstand zwischen den Linsensystemen kann also durch das Experiment oder herstellungsbedingte Präferenzen festgelegt werden.

Variation der Parameter der bikonkaven Linse

Werden die Parameter der bikonkaven Linse variiert, hat das den meisten Einfluss auf die Ergebnisse der Detektion. Die bikonkave CRL bestimmt entscheidend die Brenn-weite und die Fokalfleckgröße, während die Fresnellinse eine korrigierende Funkti-on hat. Je kleiner also der Krümmungsradius der bikonkaven CRL ist, desto stär-ker ist bekanntlich der Effekt der Brechung. Bei einem größeren Krümmungsradius braucht man demzufolge mehr Linsen, um einen ähnlichen Effekt zu erzielen. Die Krümmungsradien haben nicht nur einen Einfluss auf das Maß der Brechung, der Krümmungsradius der bikonkaven CRL bestimmt auch die Apertur und die Absorp-tion. Für letztere gilt, dass ein kleinerer Krümmungsradius bei bikonkaven Linsen am Rand und bei bikonvexen Linsen in der Mitte zur stärkeren Absorption führt (siehe Abb. 3.6). Somit besteht ein direkter Zusammenhang zwischen Apertur und Krümmungsradius. Was passiert also konkret bei der Variation der Parameter? In der Beispieltabelle 4.4 sieht man, dass bei gleichbleibender Linsenanzahl und wach-

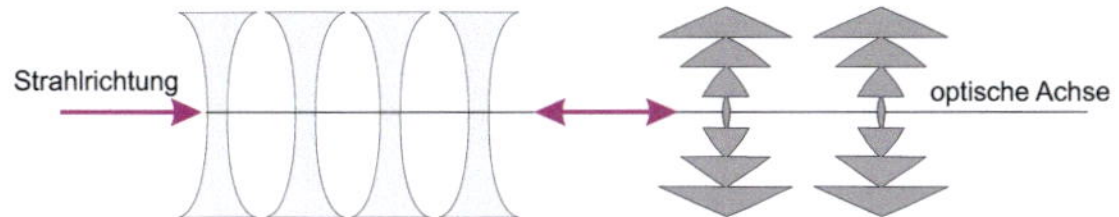

(a) Schema zur Variation des Abstands

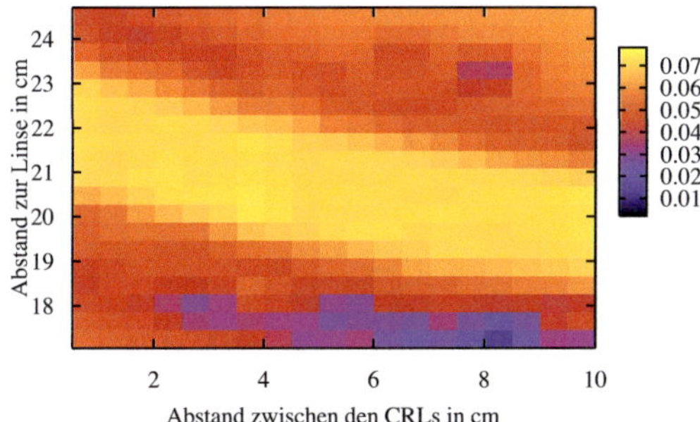

(b) Intensitätsverteilung bei Variation des Abstands

Abbildung 4.19.: Wird der Abstand (x-Achse) zwischen den Linsensystemen variiert (wie in (a) gezeigt), ändert sich die Größe des Fokalflecks nicht (je heller die Farbe, desto kleiner der Fokalfleck), nur die Brennweite (y-Achse) verkürzt sich mit zunehmendem Abstand.

sendem Krümmungsradius der bikonkaven CRL der Fokalfleck größer und die Transmission kleiner werden (Zeilen 1-3). Bei größer werdendem Krümmungsradius und gleichzeitig steigender Linsenanzahl kann die Fokalfleckgröße gehalten werden und trotz sinkender Transmission der *gain* vergrößert werden (Zeilen 4-5). Die Parameter bewegen sich dabei im prozessbegrenzten Variationsbereich.

Variation der Parameter der bikonvexen Fresnellinse

Stellt man eine einzelne Fresnellinse in den von der bikonkaven CRL fokussierten Strahl, wird der chromatische Strahl korrigiert. Steigert man die Zahl der bikonvexen

bikonkave CRL					Achromat					Kommentar
R	m	T	g	fwhm	R	m	T	g	fwhm	
5	140	0.73	49	0.3	15	3	0.51	51	0.2	
6	140	0.70	42	0.4	15	3	0.49	39	0.3	**R bikonkav variiert**
8	140	0.65	42	0.5	15	3	0.45	36	0.4	
8	140	0.65	31	**0.5**	15	3	0.45	36	0.4	**FWHM bikonkav**
9	150	0.60	47	**0.5**	15	3	0.43	52	0.3	**fest**
5	140	0.73	49	0.3	5	1	0.51	51	**0.2**	
5	140	0.73	49	0.3	6	2	0.43	43	**0.2**	**FWHM fest**
5	140	0.73	49	0.3	9	4	0.38	38	**0.2**	Fresnelparameter
5	140	0.73	49	0.3	10	6	0.33	33	**0.2**	variieren
5	140	0.73	49	0.3	15	9	0.33	33	**0.2**	

Tabelle 4.4.: Krümmungsradien R in μm, Linsenanzahl m, Fokalfleckgröße (Halbwertsbreite) als $fwhm$ in μm und die Transmission T für chromatische (bikonkave CRL) und achromatische Systeme (bikonkave CRL erweitert durch bikonvexe Fresnellinsen). Es werden verschiedene Parameter variiert bzw. festgehalten (**fettgedruckt**) und die Reaktion des Systems darauf beobachtet (farbig hinterlegt).

Fresnellinsen, kann bis zu einer bestimmten Linsenanzahl der gemeinsame Fokalfleck aller Energien reduziert werden. Doch werden darüber hinaus Fresnellinsen in den Strahl gestellt, wird der Fokalfleck immer größer und der Strahl schließlich divergent. In den Simulationen aus Kapitel 4.2 wurde dieser Punkt, bei dem der Fokalfleck minimal wird, gesucht. Nur sekundär wurde auf die Halbwertsbreite bzw. die Intensität geachtet. Hier stand der gemeinsame Fokalfleck für alle Energien des Energiebereichs im Vordergrund. Bei den Simulationen in diesem Kapitel liegt der Schwerpunkt auf einem möglichst kleinen Fokalfleck bei gleichzeitig möglichst hohem *gain*. Hier ist nur der gesamte Fokalfleck wichtig, der über die Halbwertsbreite detektiert wird. Da bei der bikonvexen Fresnellinse mehr Material pro Linse durchlaufen wird als bei der bikonkaven Linse, fällt die Linsenanzahl bzw. der vom Krümmungsradius abhängende Bauch stark ins Gewicht. Dies zeigt sich in zweierlei Hinsicht in Tabelle 4.4. Trotz steigender Anzahl der Fresnellinsen bleibt die gesamte Fokalfleckgröße praktisch unverändert. Dies liegt daran, dass die Intensität im Maximum stärker reduziert wird. Dadurch steigt die Halbwertsbreite der einer Gausskurve ähnelnden Intensitätsverteilung an. So wird der durch die zunehmende Anzahl der Fresnellinsen eigentlich verkleinerte Fokalfleck durch eine niedrigere Maximalintensität wieder vergrößert, so dass er ähnlich groß ist, wie die nicht verkleinerte Intensitätsverteilung des chromatischen Systems. Das Zusammenspiel zwischen Fokalfleckreduzierung und Intensitätsverlust spielt hier also die wesentliche Rolle. Im letzten Beispiel in Tabelle 4.4 werden Radius und Linsenanzahl bei konstanter Fokalfleckgröße variiert. Die Variante mit nur einer bikonvexen Fresnellinse mit starker Krümmung führt zum besten Ergebnis. In anderen Beispielen (anderes Material, andere Energie oder andere Bandbreite) kann aber auch durch den flacheren Krümmungsradius viel Absorption eingespart werden und somit der *gain* gesteigert werden. Untersuchungen, wie der Strahlenverlauf auf Variation der Parameter reagiert, müssen individuell für die verschiedenen Voraussetzungen durchgeführt werden und können nur in wenigen Fällen verallgemeinert werden.

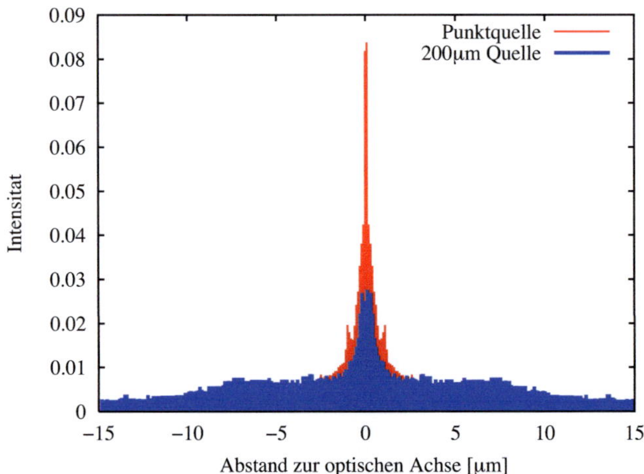

Abbildung 4.20.: Vergleich der Fokalebenen für verschiedene Quellgrößen. Im Gegensatz zu einer Punktquelle gibt es bei einer ausgedehnten Quelle mehr Streu- bzw. Hintergrundstrahlung.

Variation der Quelle

Da das Zusammenspiel vieler Parameter Einfluss auf den Fokalfleck und den *gain* hat, ist es schwierig Regeln aufzustellen. Wie sich gezeigt hat, bestimmt die bikonkave CRL zwar in großem Maße den Ort und die Größe des Fokalflecks, allerdings ist die Kombination der beiden Linsen dennoch das Entscheidende. Auch die Quelle nimmt Einfluss auf den Fokalfleck, allerdings wird vor allem die Hintergrundstrahlung stärker. Dies kann in Abb. 4.20 und im Anhang A.2 genauer betrachtet werden.

4.5.3. Vergleich der Materialien

Bei dem Vergleich verschiedener Materialkombinationen wurden für bestimmte Energiebereiche bestimmte Parameterbereiche durchlaufen und nach dem minimalen Fokalfleck bei maximalen *gain* gesucht. Tabelle 4.5 enthält eine Zusammenfassung der Resultate. Ein konkreter Vergleich der Materialien ist schwierig, da durch die verschiedenen Brechungsindizes verschiedene Parameter benützt werden müssen. Deshalb soll die Tabelle 4.5 nur eine grobe Abschätzung liefern, ob prinzipiell bestimmte Materialkombinationen für einen Achromaten in Erwägung gezogen werden können. Letztendlich müssen jedoch für die einzelnen Kombinationen die herstellungsbedingten Grenzen der Parameter je nach Stand der Technik angeglichen und damit jeweils einzeln simuliert und optimiert werden. Die Bilder 4.21 und 4.22 zeigen die Intensitätsverteilung von drei bis vier verschiedenen Materialkombinationen bei $35\,\mathrm{keV} \pm 4\,\%$ und $60\,\mathrm{keV} \pm 4\%$. Für einen adäquaten Vergleich zwischen den Materialkombinationen wurden hierfür Systeme herangezogen, die sowohl eine vergleichbare Halbwertsbreite, als auch ein vergleichbares System (Krümmungsadius und Linsenanzahl) aufweisen. Bei den Materialkombinationen handelt es sich um bikonkave SU-8 Linsen, die mit Fresnellinsen aus Nickel, Silizium und Aluminium kombiniert wurden und bikonkave Beryllium Linsen, die mit SU-8 Fresnellinsen kombiniert wurden. Für die Kombination SU-8 und Nickel konnte trotz der hohen Absorption von Nickel eindeutig der beste Fokalfleck detektiert werden. Die Ähnlichkeit der Brechzahl von Aluminum und Silizium wird durch die Ähnlichkeit ihrer Fokalflecken bestätigt. Der Fokalfleck von Beryllium und SU-8 Linsen verdeutlicht, dass hier der Brechzahlunterschied sehr gering ist. Der Fokalfleck ähnelt dem einer rein bikonkaven Linse. Hier wurde auch bei anderen Parameterkombinationen keine bessere Lösung gefunden.

Bei einer Energie von $60\,\mathrm{keV}$ und einer Bandbreite von $8\,\%$ wurden ebenfalls numerische Simulationen durchgeführt (siehe Abb. 4.22). Die Kombination aus Beryllium und SU-8 wurde hier nicht simuliert, da Beryllium bei höheren Energien durch die kleine Brechzahl schlechter geeignet ist, als die anderen Materialien. Die hier gefundenen Intensitätsverteilungen der verschiedenen Materialien sind sehr ähnlich. Die Intensitätsverteilung bei $60\,\mathrm{keV}$ ist etwas anders als bei $35\,\mathrm{keV}$ in Abb. 4.21. Hier gibt es weniger einen Peak mit einem breiten Sockel, wie man es von einem monochromatischen Strahl kennt, sondern eine gleichmäßigere Verteilung.

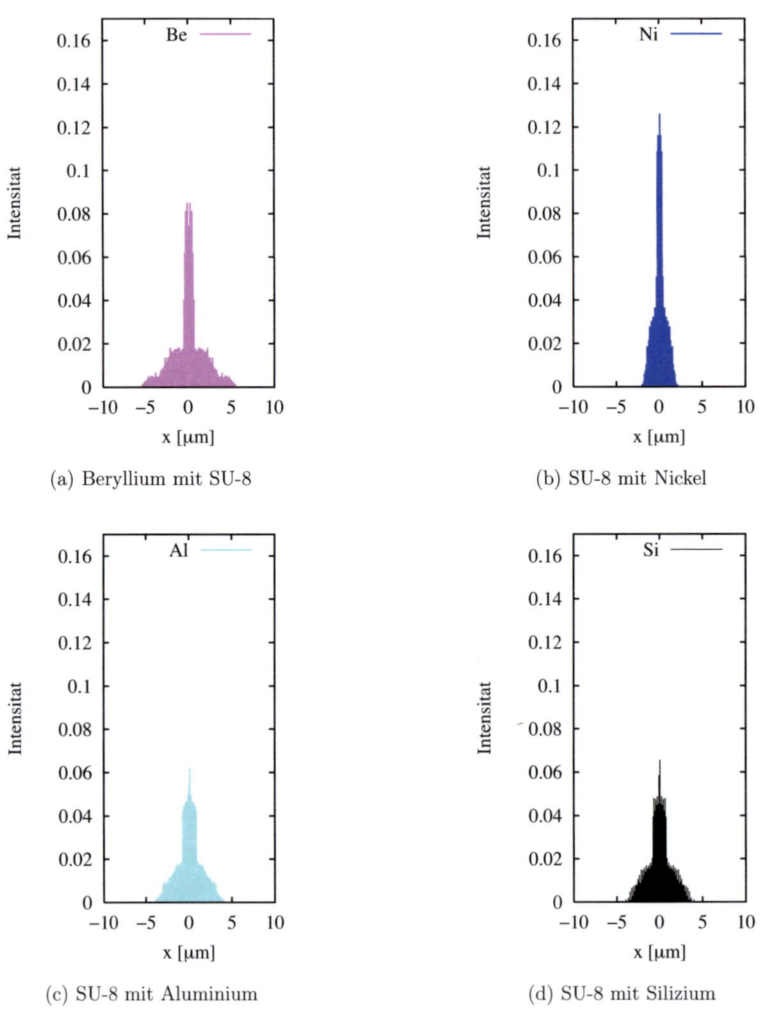

(a) Beryllium mit SU-8

(b) SU-8 mit Nickel

(c) SU-8 mit Aluminium

(d) SU-8 mit Silizium

Abbildung 4.21.: Verschiedene Materialkombinationen im Vergleich bei $35\,\mathrm{keV} \pm 4\,\%$.

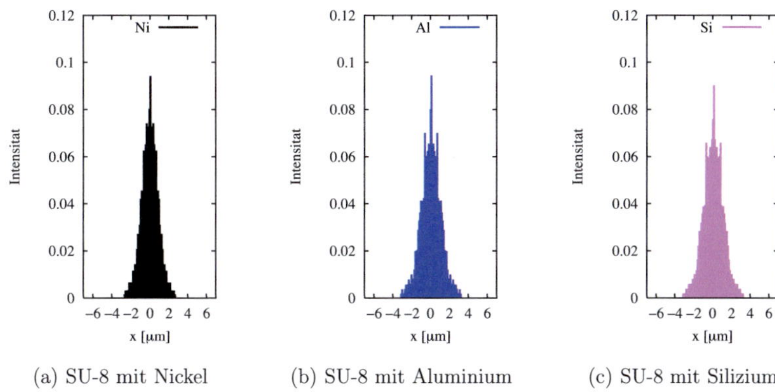

(a) SU-8 mit Nickel (b) SU-8 mit Aluminium (c) SU-8 mit Silizium

Abbildung 4.22.: Verschiedene Materialkombinationen im Vergleich bei 60 keV $\pm 4\,\%$.

Material-	15 keV$\pm$4%	35 keV$\pm$4%	60 keV$\pm$4%
komb.	Ergebnis	Ergebnis	Ergebnis
Be-SU-8	Effekt minimal, Brechzahldiff. zu gering		nicht getestet
SU-8-Si	-	(möglich)	machbar, zu testen
SU-8-Al	-	(möglich)	machbar, zu testen
SU-8-Ni	I zu gering	gut	gut

Tabelle 4.5.: Ergebnisse der numerischen Simulationen von Achromaten von verschiedenen Materialkombinationen (bikonkave SU-8 Linsen kombiniert mit Si-, Al- und Ni-Fresnellinsen und bikonkave Be-Linsen kombiniert mit SU-8 Fresnellinsen). Die Kombination mit Be-Linsen zeigte allgemein kaum einen Effekt. Nickel ergab meist die besten Lösungen, da hier die Differenz der Brechzahlen am größten ist. Für genaue Tests müssen die Simulationen mit herstellungsbedingten Parametern durchgeführt werden (dies wurde mit *zu testen* markiert). Hier ist lediglich eine erste grobe Abschätzung gegeben.

4.6. Vergleich der Simulationen

Mit den hier durchgeführten Simulationen wurden verschiedene Ziele verfolgt. In der ersten Simulation (Kapitel 4.2) wurde nach einem besonders kleinen Fokalfleck gesucht, dadurch konnten die einzelnen Fokalflecken einander angeglichen werden. Die Transmission und damit der *gain* waren dabei sekundär. Bei der zweiten Simulation (Kapitel 4.4) konnten durch die Verknüpfung von Transmission und Fokalfleckgröße nicht die kompletten Möglichkeiten zweier konträrer Linsensysteme ausgenutzt werden. Zwar konnte oft die gesamte Intensitätsverteilung des Achromaten verglichen mit der des chromatischen Systems verschmälert werden, durch eine geringere Maximalintensität wurde jedoch die Halbwertsbreite dabei manchmal vergrößert.

5. Herstellungsprozess

Im folgenden Kapitel wird der Herstellungsprozess von Achromaten genauer beschrieben. Da am Institut für Mikrostrukturtechnik (IMT) von den möglichen Materialkombinationen nur SU-8 und Nickel verarbeitet werden, wurde exemplarisch ein solches Linsensystem hergestellt. Dabei liegt die Schwierigkeit darin, Linsen aus zwei verschiedenen Materialien so zusammenzuführen, dass sie danach präzise auf der optischen Achse ausgerichtet sind. Es wurden zwei verschiedene Wege getestet, die beide zu einem guten Ergebnis führten. Im folgenden werden diese beiden unterschiedlichen Herstellungsmöglichkeiten beschrieben. Dabei wird zunächst ein kurzer Einblick in den LIGA-Prozess gegeben, der zur Herstellung von Röntgenlinsen aus SU-8 und Nickel eingesetzt wird. In den darauffolgenden zwei Unterkapiteln werden die Besonderheiten der Weiterentwicklung zu den beschriebenen Achromaten vorgestellt und am Ende verglichen.

5.1. Das LIGA-Verfahren

Das LIGA-Verfahren [33], das in den achtziger Jahren am IMT entwickelt wurde, ermöglicht die Herstellung von kleinsten Strukturen aus den Materialien Kunststoff, Metall oder Keramik. Es setzt sich aus den drei Prozessschritten Lithographie (LI), Galvanik (G) und Abformung (A) zusammen. Werden zur Strukturierung die extrem parallelen und energiereichen Synchrotronstrahlen benutzt (Röntgentiefenlithographie), lassen sich Strukturen mit einem hohen Aspektverhältnis[1], das heißt hohe

---

[1]Das Aspektverhältnis ist das Verhältnis zwischen der maximalen Höhe zur minimalen Breite einer Struktur.

Strukturen mit kleiner lateraler Ausdehnung, nahezu senkrechten und extrem glatten Seitenwänden herstellen.

5.1.1. Herstellung von SU-8 Linsen

Die Herstellung von refraktiven Röntgenlinsen aus dem Epoxidharz SU-8 basiert auf dem LIGA-Prozess mit Röntgentiefenlithographie (RTL). Neben den prozessbedingten positiven Eigenschaften wie der hohen Präzision[2], einem extrem hohen Aspektverhältnis ($>$ 100) und der parallelen Fertigung verschiedener Röntgenlinsen auf einem Wafer, konnten durch den Negativresist SU-8 noch weitere Vorteile gewonnen werden. Mit dem hohen Anteil von über 98 % an leichten Elementen (Wasserstoff, Sauerstoff, Kohlenstoff) ist der lineare Absorptionskoeffizient (im Bereich von 5-30 keV) nur wenig größer als der von Beryllium und ca. zehnmal kleiner als der für Aluminium oder Silizium (siehe dazu Abb. 4.5). SU-8 ist extrem beständig gegen Synchrotronstrahlung und weist eine sehr geringe Seitenwandrauhigkeit auf ($\sim$ 10 nm r.m.s.).

Zu Beginn des Herstellungsprozess (siehe Abb. 5.1) wird ein Wafer mit dem SU-8 Resist beschichtet. Dabei ist SU-8 für verschiedene Resistdicken in verschiedenen Viskositäten erhältlich. Er besteht aus kurzkettigen Epoxidharzen und einem Säuregenerator, die beide in Lösungsmitteln gelöst sind. Sollen nur Strukturen aus SU-8 entstehen, wird dafür ein unbeschichteter Siliziumwafer verwendet. Zur Herstellung von metallischen Linsen (Nickellinsen) muss der Wafer mit einer Haftschicht aus oxidierten Titan versehen sein. Hierzu wird der Siliziumwafer mit Titan besputtert und mit Hilfe einer Wasserstoffperoxid-Lösung oxidiert (35 Sekunden). Die dadurch entstehende Oxidschicht ist ein Kompromiss zwischen einer guten Haftschicht für den Resist und einer guten Startschicht für die Galvanik [4]. Nach einer Reinigung des Wafers (zwei Minuten Plasmaätzen) wird nun der Negativresist SU-8 in der gewünschten Dicke aufgetragen. Dies kann durch vorsichtiges Aufgießen oder durch Aufschleudern (je nach Höhe auch mehrfaches Aufschleudern) geschehen, es muss

---

[2]Maßabweichungen von unter 1 μm bei Strukturhöhen bis zu 1,1 mm [34]

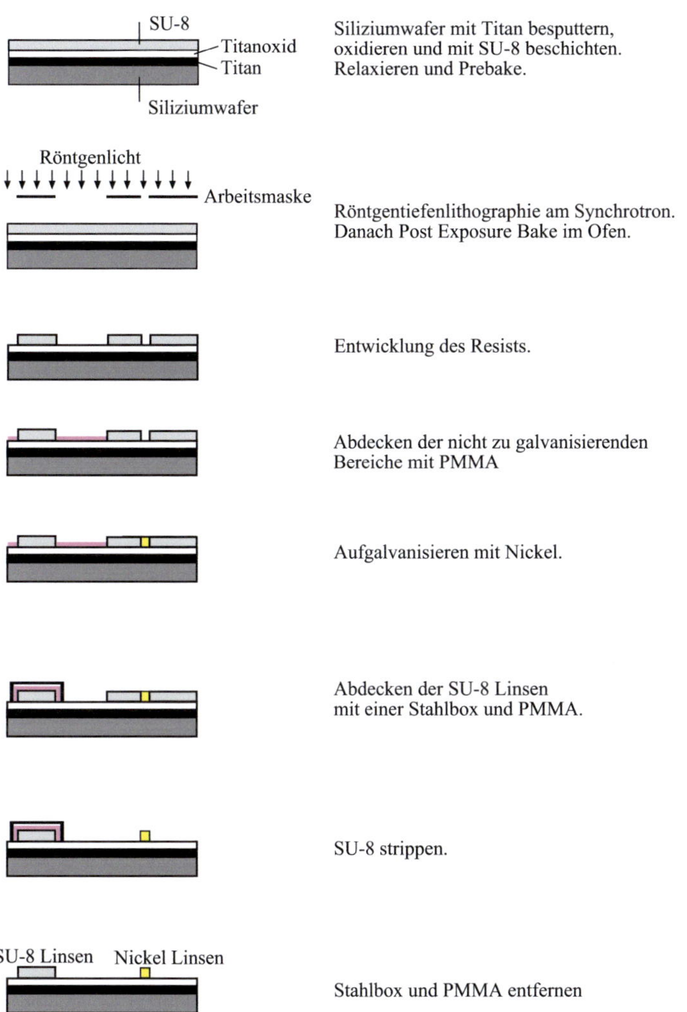

Siliziumwafer mit Titan besputtern, oxidieren und mit SU-8 beschichten. Relaxieren und Prebake.

Röntgentiefenlithographie am Synchrotron. Danach Post Exposure Bake im Ofen.

Entwicklung des Resists.

Abdecken der nicht zu galvanisierenden Bereiche mit PMMA

Aufgalvanisieren mit Nickel.

Abdecken der SU-8 Linsen mit einer Stahlbox und PMMA.

SU-8 strippen.

Stahlbox und PMMA entfernen

Abbildung 5.1.: Herstellung der bikonkaven SU-8 Linesn und der Nickellinsen auf einem Wafer.

aber vor allem schnell, gleichmäßig und blasenfrei gemacht werden. Nach einer Relaxationszeit von ungefähr zehn Minuten wird der Flüssigresist durch Austreiben des Lösemittels mit bis zu drei *Prebakes* (auf der *Hotplate*) fest. Da die lithographischen Eigenschaften extrem vom Restlösemittelgehalt abhängen, muß dieser mit 3,6 % möglichst präzise (+0,4 %, -0,2 %) eingehalten werden.

Um nun die Substrate mit Röntgentiefenlithographie zu strukturieren, muss eine geeignete Maske verfügbar sein. Für SU-8 Strukturhöhen von einigen hundert Mikrometern besteht diese aus einer einigen μm dicken röntgentransparenten Membran aus Titan, die die notwendigen ca. 30 μm dicken Goldabsorberstrukturen trägt [33]. Am Synchrotronring ANKA wird das Substrat belichtet, dabei werden in einer photochemischen Reaktion durch den Säuregenerator Protonen freigesetzt, diese lösen eine Vernetzung der kurzkettigen Epoxidharze aus. Die Bestrahlungszeit ist dabei von der Strahldosis, von der Strukturhöhe und von dem verwendeten Resist abhängig. Aufgrund von *Chargenschwankungen* muss für jede verwendete SU-8 *Charge* eine charakteristische Kurve bestimmt werden, um daraus die Strahldosis zu berechnen. Durch die Röntgenbestrahlung und dem darauf folgenden, die Polymerisationsreaktion unterstützenden Backprozess (Post Exposure Bake, PEB) wird das Prepolymer SU-8 in ein strahlungsstabiles Polymer umgewandelt. Die unbelichteten Bereiche werden in etwa einer Stunde in einem organischen Entwicklerbad (PGMEA) entfernt und anschließend getrocknet. Die nun lichtbeständigen Röntgenlinsen können am Lichtmikroskop kontrolliert und nach positiver Bewertung am Synchrotronring eingesetzt werden.

5.1.2. Herstellung von Nickellinsen

Werden als Endprodukt Nickellinsen benötigt können diese nach dem Direkt-LIGA Verfahren hergestellt werden [28]. Die Fertigung erfolgt dabei durch Bestrahlung eines Kunststoffresists (Positivresist PMMA oder Negativresist SU-8). Üblicherweise wird hierfür PMMA benutzt, da sich PMMA einfacher strippen lässt, als das hochvernetzte SU-8. Nach der Entwicklung des belichteten Resists werden die entstandenen Hohlräume galvanisch aufgefüllt und der verbleibende Resist entfernt.

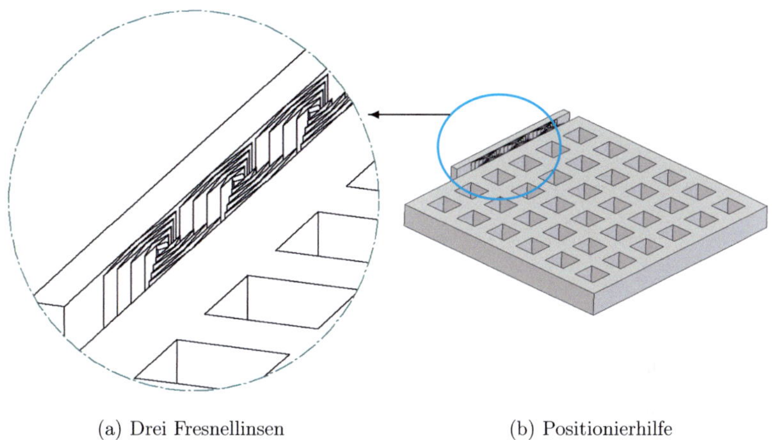

(a) Drei Fresnellinsen   (b) Positionierhilfe

Abbildung 5.2.: Skizze der Nickellinsen mit Positionierhilfe. Die Löcher in der Positionierhilfe (rechts) wurden prozessbedingt eingefügt.

5.2. Herstellung der 'montierten Linsen'

Bei der Herstellung der sogenannten *montierten Linsen* werden SU-8 Linsen und Nickellinsen separat hergestellt (wie in den Kapiteln 5.1.1 und 5.1.2 beschrieben) und anschließend auf einem Substrat montiert. Dabei wurde für die Montage das Substrat der SU-8 Linsen als Untergrundsubstrat genommen, auf dem die vom Substrat getrennten Nickelstrukturen am Ende positioniert und befestigt werden sollten. Um die Nickellinsen handhaben zu können, ist es sinnvoll die benötigten Linsen auf einer Achse zu positionieren und mit einer *Positionierhilfe* zu versehen. Die Skizze einer solchen Hilfsstruktur (mit drei Nickellinsen) ist in Abb. 5.2 zu sehen. Um die Linse fassen und handhaben zu können wurde eine Größe von $3\,\mathrm{mm} \times 3\,\mathrm{mm}$ festgesetzt. Da die Haftung einer solchen Fläche am Substrat zu stark ist, musste die Fläche mit Löchern durchsetzt werden, die ein Aspektverhältnis von ca. eins haben. So können Ätzlösungen das Material überall unterwandern um die Strukturen zu lösen. Die aus Linsen und Positionierhilfe bestehenden Nickelstrukturen müssen zur Montage vom Substrat getrennt werden. Dieser Prozess wird noch nicht standardmäßig

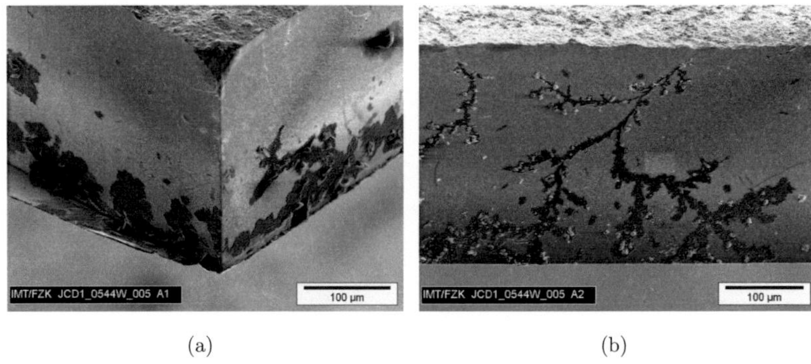

(a)   (b)

Abbildung 5.3.: Beschädigung der Seitenwände durch Flusssäure.

am Institut durchgeführt. In bisherigen Verfahren wurden entweder Goldstrukturen vom Substrat getrennt, oder die gewonnenen Nickelstrukturen mussten nicht vom Substrat abgelöst werden. Deshalb wurden verschiedene Möglicheiten ausprobiert:

Ablösen der Nickelstrukturen mit Flusssäure (HF-Lösung)

Die ca. $3\,\mu$m dicke Titanschicht kann in 5 %-iger HF-Lösung aufgelöst werden. Dafür muss der Wafer ca. 3,5 Stunden in der Lösung bleiben. Da Flusssäure stark ätzend ist, werden hierbei die Oberflächen der Linsenstrukturen aus Nickel stark angegriffen (siehe Abb. 5.3). Die dadurch entstehenden Rauhigkeiten sind vor allem auf den Seitenwänden der Linsen störend, da sie zu Streuungen des Strahls führen.

Ablösen mit Kaliumhydroxid (KOH)

Als Alternativweg zur Vereinzelung der Strukturen wurde ein Wegätzen des Siliziumwafers mittels einer KOH-Lösung gewählt. Eine 30 %-ige KOH-Lösung (Kalilauge) kann den Siliziumwafer in 12,5 Stunden auflösen. Die $3\,\mu$m dicke Titan-Titanoxidschicht, die nun wie eine Folie an der Unterseite der Strukturen klebt, kann nun in einigen Minuten in 5 %-iger HF-Lösung aufgelöst werden. Die Ober-

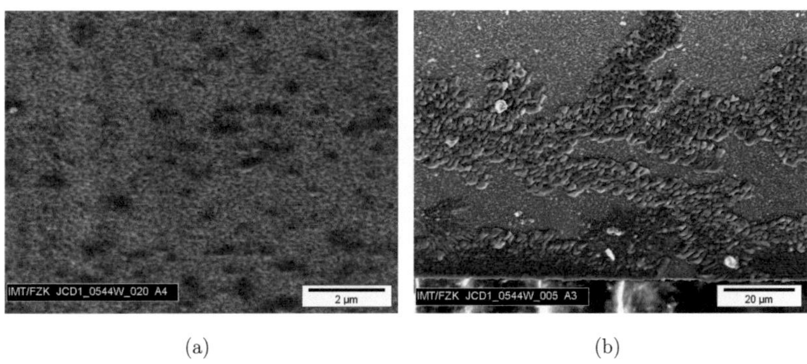

(a)   (b)

Abbildung 5.4.: Oberfläche nach dem Ablösen der Nickelstrukturen durch KOH.

flächen werden hier durch die relativ kurze Zeit in der HF-Lösung weniger stark angegriffen (siehe Abb. 5.4).

Ablösen einer Kupferzwischenschicht

Nach Belichtung und Entwicklung des Resists kann auf die Titan-Oxid-Schicht galvanisch eine Schicht aus Kupfer aufgebracht werden [5]. Die ca. 10 μm dicke Zwischenschicht wird vor dem Nickel-Galvanikschritt auf dem gesamten Wafer aufgebracht und soll zur Vereinzelung der Strukturen dienen. Nach der Galvanik, wenn die restlichen PMMA-Strukturen bereits entfernt worden sind, wird der gesamte Wafer in eine Kupferätze (bestehend aus Ammoniak, Natriumchlorit und Ammoniumcarbamat) gelegt, bis die vereinzelten Strukturen im Bad herumschwimmen. Auch bei diesem Weg die Nickelstrukturen vom Wafer zu lösen, kam es zu ungewünschten Veränderungen der Oberflächen (siehe Abb. 5.5).

Bei allen drei Verfahren wurde die Oberfläche angegriffen. Die Oberflächenveränderungen waren nicht gleichmäßig verteilt und auch nicht auf allen Strukturen, so dass bei einer genauen Untersuchung der einzelnen Strukturen unter dem REM von allen drei Verfahren Nickelstrukturen gefunden werden konnten, bei denen die Oberfläche

(a)   (b)

Abbildung 5.5.: Oberfläche nach dem Ablösen der Kupferzwischenschicht zur Vereinzelung der Strukturen.

akzeptabel schien. Dabei war der Angriff der Oberflächen durch die HF-Lösung am stärksten.

Mechanisches Ablösen

Ein anderes Verfahren bei dem die Seitenwände nicht durch Chemikalien angegriffen werden, ist das mechanische Ablösen der Nickelstrukturen vom Wafer mit einem kleinen spitzen Gegenstand. Hierzu hat sich eine kleine Kanüle aus dem Medizinbedarf als sehr geeignet erwiesen. Die Haftung auf dem Wafer ist zwar relativ gut, aber durch die vielen Löcher in der Hilfsstruktur kann ein Druck auf eine Seitenwand der Positionierhilfe die Haftung überwinden. Diese Arbeiten wurden unter dem Mikrokop durchgeführt. Diese Art der Ablösung geht relativ schnell, allerdings müssen auch hier die vereinzelten Strukturen einer genauen Überprüfung unter dem Mikroskop unterzogen werden, da es hier durch die Haftkräfte beim Ablösen zu Verbiegungen kommen kann.

Abbildung 5.6.: Nickelstrukturen nach der Galvanik. Die Oberflächen sind nicht durch Zwischenschritte aufgerauht.

Vergleichend lässt sich über die verschiedenen Ablöseverfahren sagen, dass das mechanische Ablösen, das einfachste und schnellste Verfahren ist. Es hat den Vorteil, dass sich keine Ablagerungen auf den Seitenwänden bilden, bzw. die Seitenwände nicht durch Chemikalien aufgerauht werden, dafür kann es zu Verbiegungen kommen. Egal welches Verfahren zur Vereinzelung der Nickelstrukturen benutzt wird, muss am Ende jede einzelne Struktur sorgfältig überprüft und aus einer Reihe von Strukturen die beste herausgesucht werden.

Nicht nur durch die Vereinzelung der Nickelstrukturen entstehen *unbrauchbare* Linsen, bereits nach der Galvanik kann man am REM erkennen, dass sich aufgrund der sehr komplexen Strukturen manchmal Häutchen zwischen den Lamellen gebildet haben, dies können Resist- oder Entwicklerreste sein, die in den Zwischenräumen hängengeblieben sind. Ein Ultraschallbad, ein Spülschritt oder Plasmaätzen vor der Vereinzelung können zur Säuberung beitragen, hartnäckige Reste können dennoch zurückbleiben. Diese Strukturen müssen auch aussortiert werden, da sie zu Streuungen des Strahls führen können. Zwei Beispiele dazu sind in Abb. 5.7 gezeigt.

Unter einem Mikroskop mit einem drehbaren Tisch und Hilfslinealen im Sucher können die Nickelstrukturen relativ zu den SU-8 Linsen nun auf der optischen Achse

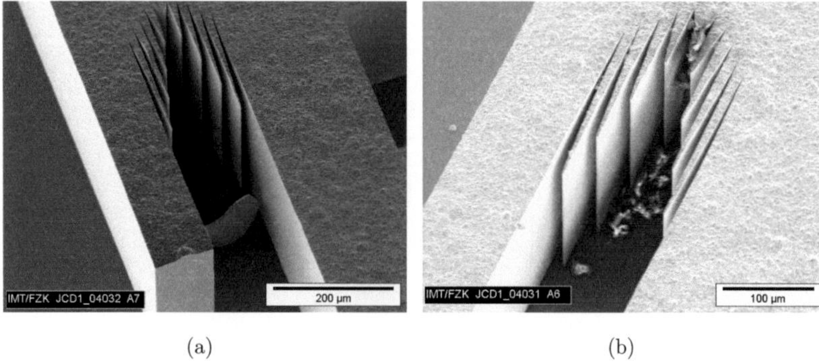

(a)   (b)

Abbildung 5.7.: In den relativ komplizierten Strukturen bleiben leicht störende Reste
zwischen den Lamellen hängen

positioniert werden. Dafür sollte auf dem Wafer der SU-8 Linsen genügend Platz
vorhanden sein, um die Nickelstrukturen im gewünschten Abstand zu positionieren.
Mit einem zwei-Komponenten-Kleber werden die Nickelstrukturen auf dem Wafer
fixiert. Ein Verschieben der Strukturen durch den Trockenschritt war unter dem Mikroskop nicht zu erkennen. Die Ausrichtung entlang der optischen Achse wird für die
rein bikonkaven Linsen und die Achromaten im gleichen Verfahren und unter dem
gleichen Mikroskop überprüft. Abb. 5.8 zeigt einen Wafer, auf dem drei Nickelfresnellinsensysteme zu sehen sind. Die zwei unteren Nickelsysteme (mit Positionierhilfe)
sind auf der optischen Achse von zwei bikonkaven SU-8 Linsensystemen positioniert
und fixiert.

5.3. Herstellung 'kombinierter Linsen auf einem Wafer'

Eine andere Möglichkeit Achromate herzustellen ist, beide unterschiedlichen Linsenmaterialien auf einem Wafer herzustellen (siehe Abb. 5.9). Dies hat den Vorteil, dass
der letzte Schritt des Ausrichtens der Linsen entlang der optischen Achse und damit verbundene mögliche Ungenauigkeiten entfallen. Durch die Größe des Wafers ist

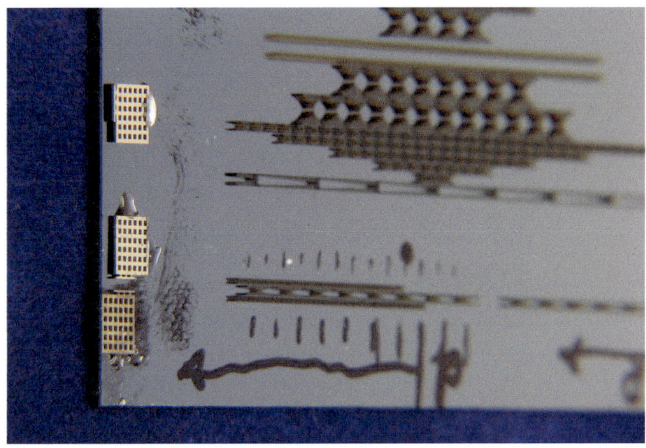

Abbildung 5.8.: Die Nickelfresnellinsensysteme mit den Positionierhilfen werden mit den bikonkaven CRL in einer Reihe positioniert und dann fixiert.

der maximale Abstand zwischen den beiden Linsensystemen beschränkt und verfahrensbedingt können die beiden Linsensysteme nur bis zu einem minimalen Abstand voneinander positioniert werden (siehe Abb. 5.14). Dies hat aber - wie im vorigen Kapitel gezeigt - nur einen geringen Einfluss auf die Anwendung.

Bei der Herstellung solcher kombinierter Linsen werden zunächst - wie anfangs erklärt - die SU-8 Linsen hergestellt. Wegen eines anschließenden Galvanikschritts muß dafür ein Silizium-Titan-Titanoxid-Wafer benützt werden. Im verwendeten Layout sind die bikonkaven Linsen (später aus SU-8) und die bikonvexen Fresnellinsen (später aus Nickel) bereits in einer Reihe positioniert (siehe Abb. 5.10, a). Im Layout müssen die beiden Linsentypen einen unterschiedlichen *Ton* haben, da bei der Herstellung der SU-8 Linsen die Fresnellinsen als Hohlräume in SU-8 Blöcken entstehen (siehe Abb. 5.10, b), die dann galvanisch aufgefüllt werden. Die Wände der SU-8 Blöcke sollten aus Stabilitätsgründen mindestens eine Dicke von $100\,\mu$m haben. Nach der Entwicklung des belichteten SU-8 sind die bikonkaven SU-8 Linsen fertig. Sie müssen nun in den weiteren Prozessschritten (Galvanik und Entfernung des Resists) geschützt werden. Zwischen den sehr feinen und schwierigen Fresnelstrukturen

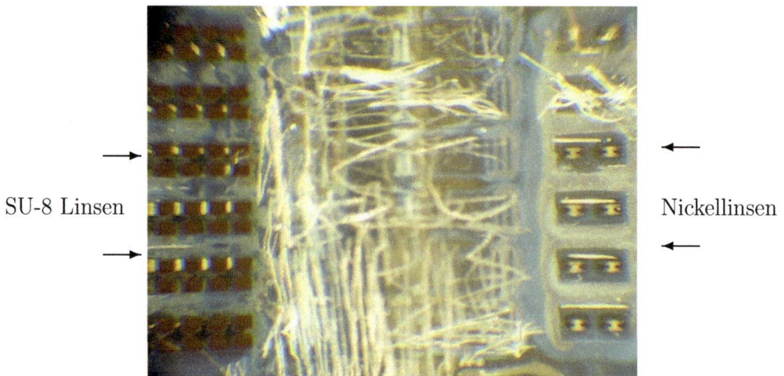

Abbildung 5.9.: Herstellung von Nickel- und SU-8 Linsen auf einem Wafer. Die Kratzer auf der Oberfläche entstehen beim Entfernen von Hilfsstrukturen, sie haben keinerlei Einfluss auf die Funktionalität.

bilden sich gerne sogenannte *Häutchen* (siehe Abb. 5.12), die den Galvanikprozess stören. Um diese zu entfernen, muss der Wafer gründlich gereinigt werden (ca. zwei Stunden Plasmaätzen).

Vor dem folgenden Galvanikschritt muss alles bis auf die SU-8 Blöcke abgedeckt werden, damit die Galvanik nur innerhalb der SU-8 Blöcke startet (siehe Abb. 5.11). Vor allem zwischen den Linsen, bzw. entlang des Strahlengangs darf kein Nickel wachsen. Als Abdeckmaterial wurde PMMA gewählt, da durch den variablen Anisolgehalt die Zähigkeit des Resists auf die jeweiligen Bedürfnisse abgestimmt werden kann. Das extrem dünnflüssige PMMA A2 (oder auch A4) hat sich bei der Abdeckung der bikonkaven SU-8 Linsen bewährt, da es durch die Adhäsionskräfte und durch Benetzung in alle Linsenzwischenräume reichen kann. Dies wirkt sich bei den SU-8 Blöcken als Nachteil aus, da dort das PMMA durch die Kapillarkräfte über die SU-8 Blöcke in die Fresnelstrukturen kriecht. Nahe der SU-8 Blöcke ist es also ratsamer, mit einem mittleren bis dickflüssigen PMMA zu arbeiten. Hier hat sich das Kriechverhalten des PMMA A11 als besonders geeignet herausgestellt. Das PMMA wird in eine recht dünne Kanüle (Innendurchmesser 250 μm) gefüllt und unter dem Mikroskop auf dem

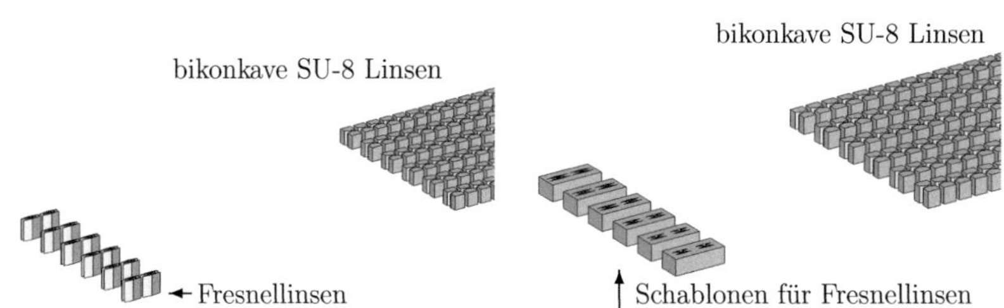

(a) Bikonkave Linsen und Fresnellinsen werden bereits im Layout in einer Reihe positioniert.

(b) SU-8 Strukturen auf einem Wafer für Achromaten. Dort wo Nickellinsen entstehen sollen sind anfangs SU-8 Schablonen.

Abbildung 5.10.: Schematische Abbildung der SU-8 Strukturen eines Achromaten, bei dem beide Linsentypen auf nur einem Wafer hergestellt werden. Dort wo die Nickellinsen hinkommen sollen, sind SU-8 Blöcke mit Formen, die die Galvanikformen bilden.

Wafer verteilt (siehe Abb. 5.13), so dass alle Bereiche abgedeckt werden. Nach einem kurzen Aushärten auf der Heizplatte (*Hotplate*) kommt der Wafer für einige Stunden in das Galvanikbad. Die Nickelstrukturen sind nach ca. sechs Stunden einige Hundert Mikrometer gewachsen. Nach der Galvanik können die PMMA Reste in einem Acetonbad entfernt werden. Der SU-8 Block um die Fresnellinsen kann durch Plasmaätzen entfernt werden. Dies wurde mit einer 'Remote-Plasmaquelle' (TWR 2000T Microwave Radical Generator, R^{3}T GmbH, Taufkirchen) gemacht. Um zu verhindern, dass dabei nicht auch die übrigen SU-8 Strukturen weggeätzt werden, müssen die Linsen geschützt werden. Dies kann entweder durch einen dünnen PMMA Film (durch Abdecken wie in Abb. 5.13 gezeigt) und einer zusätzlichen Abdeckung mittels einer Stahlbox (siehe Abb. 5.14) erreicht werden [62]. Um einen optimalen Schutz zu gewährleisten werden die Strukturen zunächst mit einer dünnen PMMA-

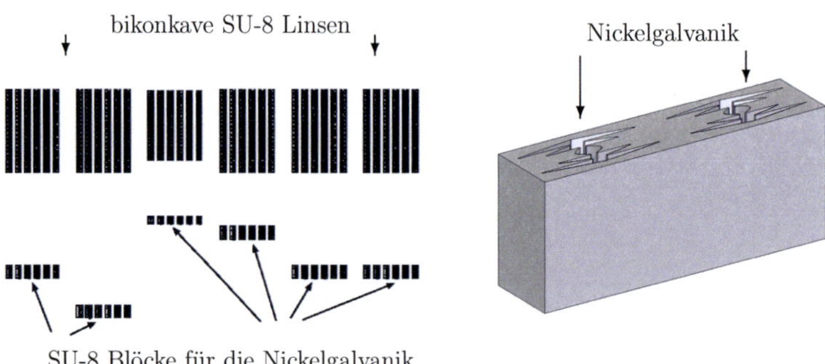

(a) Anordnung der Achromaten im Layout.   (b) Schema eines SU-8 Blocks.

Abbildung 5.11.: In der linken Abbildung sind insgesamt 6x6 Achromaten. Mit Pfeilen sind die SU-8 Blöcke gekennzeichnet, die die Schablone für die Nickelgalvanik darstellen. Einer der 36 SU-8 Blöcke ist in der rechten Abbildung hervorgehoben.

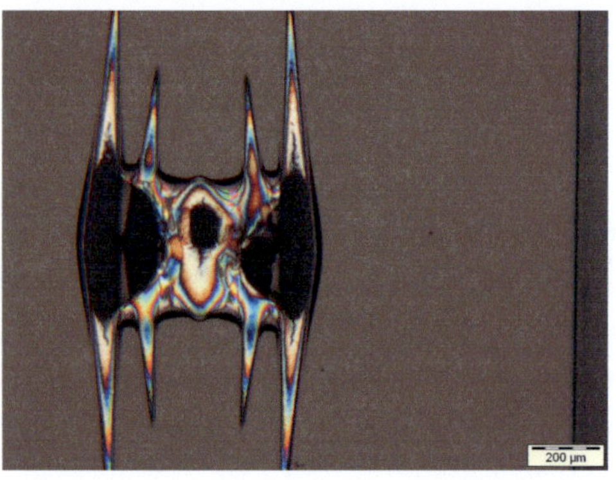

Abbildung 5.12.: Störende Häutchen, die auf den SU-8 Strukturen auftreten, können durch einen langen Plasmaätzschritt entfernt werden.

Schicht versehen, und dann unter einer Stahlbox versteckt. Diese Stahlbox wird mit PMMA auf den Wafer geklebt, womit der minimale Abstand der Linsensysteme limitiert wird. Das PMMA kann nach dem Ätzschritt in einem Acetonbad entfernt

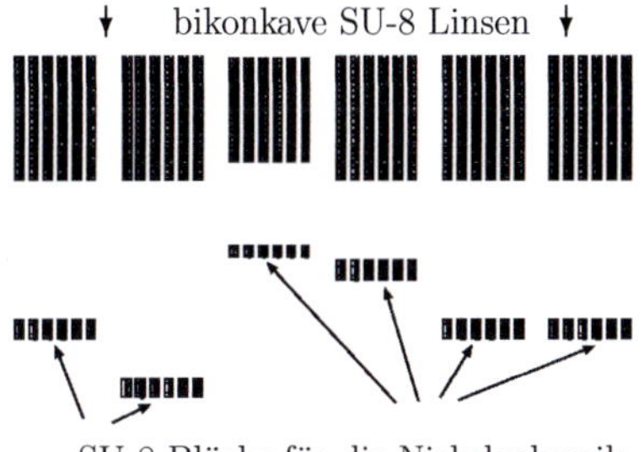

(a) Bereiche die galvanisiert werden.

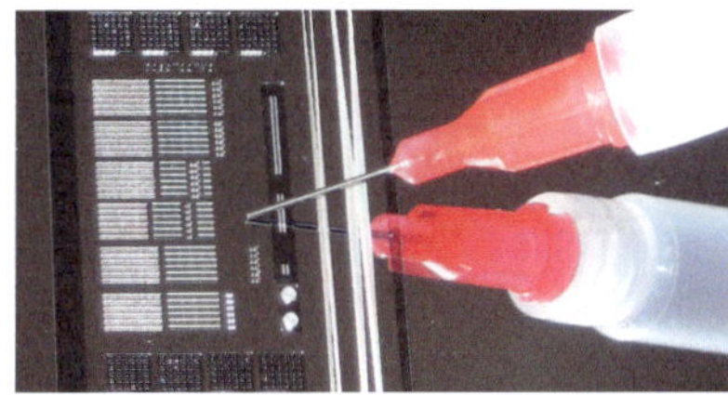

(b) Kanüle zum Auftragen des PMMAs

Abbildung 5.13.: Flächen, die nicht galvanisiert werden sollen, werden mittels einer Kanüle mit PMMA abgedeckt. In a) sind die SU-8 Blöcke gekennzeichnet, die der Galvanikstruktur als Schablone dienen, das PMMA muss bis an den Rand des SU-8 Blocks aufgetragen werden. Dies geschieht mit einer Kanüle wie in b) gezeigt.

(a) Bereich der geschützt werden muss.

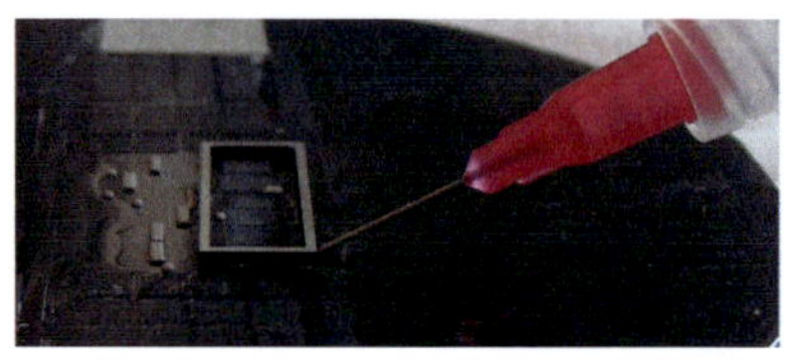

(b) Abdeckung mit Stahlbox

Abbildung 5.14.: Die SU-8 Linsen müssen vor dem Ätzen geschützt werden, damit sie nicht mit den SU-8 Schablonen weggeätzt werden. Dies passiert durch Abdecken des in a) markierten Bereichs mit PMMA und durch Aufkleben einer Stahlbox wie in b) demonstriert.

werden. In einem anderen Verfahren werden die Linsen mit einer dicken Schicht PMMA abgedeckt, die nach dem Ätzen mit einer Flutbelichtung und anschließendem Entwickeln wieder entfernt wird [43].

5.4. Vergleich der beiden Verfahren

Beide beschriebenen Verfahren zur Herstellung der Linsenkombinationen führten zu einem guten Ergebnis. Vorteil der getrennten Herstellung der beiden Linsensysteme ist die weit größere Flexibilität nach der Herstellung. Es können verschiedenste Variationen von Nickellinsen (in Anzahl und Krümmungsradius) auf einem Wafer hergestellt werden, die später mit einer beliebigen SU-8 Linse kombiniert werden können.

Der Vorteil der Herstellung beider Linsen auf einem Wafer ist, dass der fehleranfällige Schritt des Ausrichtens beider Linsen entlang der optischen Achse entfällt. Im Nachhinein können allerdings nur noch leichte Variationen der Anzahl (Wegbrechen von SU-8 oder Nickellinsen) durchgeführt werden.

6. Das Experiment

Zur Überprüfung der achromatischen Funktion eines aus zwei konträren refraktiven Linsen bestehenden Linsensystems muss der Fokalfleck dieses Systems bei verschiedenen Energien, aber gleicher Brennweite geprüft werden. Der Fokalfleck soll bei den verschiedenen Energien weitestgehend gleich bleiben, bzw. die Änderung der Größe des Fokalflecks soll möglichst gering sein.

6.1. Aufbau und Durchführung

Die Charakterisierung eines Achromaten wurde in einem Energiebereich von 7,1 keV - 8,3 keV an der FLUO Beamline an ANKA von V. Nazmov und R. Simon (Strahlrohrverantwortlicher) durchgeführt. Dieser Energiebereich wurde gewählt, da an ANKA bzw. an FLUO Experimente nur bis zu einer maximalen Energie von ca. 25 keV durchführbar sind und Nickel bei 8,333 keV die Ni 1s Absorptionskante hat (siehe Abb. 6.1). Unterhalb dieser Energie ist das Verhältnis von Brechung und Absorption also verhältnismäßig gut. Die vorhandenen Linsen waren nicht für diesen Energiebereich konzipiert und optimiert. Aber wie die theoretischen Kurven zeigen, sollte sich der Fokalfleck des Achromaten dennoch gegenüber dem chromatischen System verbessern (siehe auch Abb. 6.11).

Das Experiment wurde gemäß dem Aufbau in Abb. 6.2 durchgeführt. Dafür wurde ein bereits vorhandenes achromatisches Linsensystem benutzt, das ursprünglich aus 20 bikonkaven SU-8 Linsen mit einem Krümmungsradius von jeweils 10 μm und zwei Nickelfresnellinsen mit einem Krümmungsradius von 5 μm bestand. Da für diesen Energiebereich (7,3 keV-8,3 keV) zwei Nickelfresnellinsen zu stark absorbierend wirken, wurde eine Nickellinse weggebrochen. Mit diesem modifizierten suboptimalen

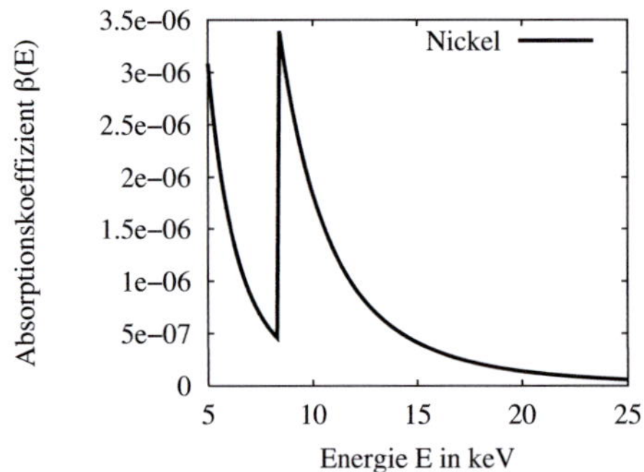

Abbildung 6.1.: Die Absorptionskurve von Nickel im Energiebereich von 5 - 25 keV.

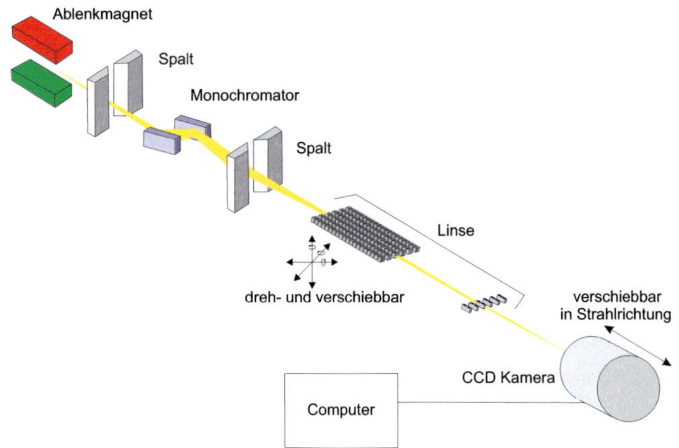

Abbildung 6.2.: Schematische Zeichnung des experimentellen Aufbaus.

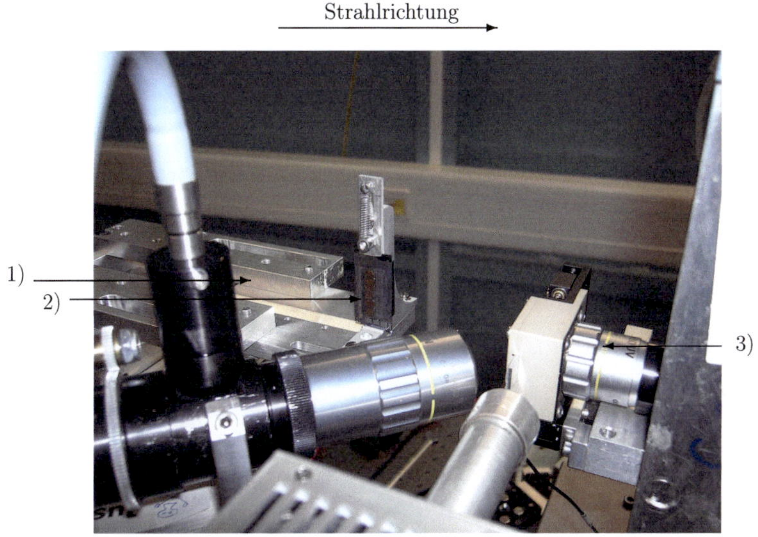

Abbildung 6.3.: Aufbau des Experiments: 1) bezeichnet den in z-Richtung verstellbare Tisch, auf dem die Linsenplatte befestigt ist. 2) zeigt die montierte Linsenplatte und 3) die CCD Kamera.

Linsensystem wurde dann das Experiment durchgeführt; ebenso wurde mit diesem modifizierten Linsensystem eine numerische Simulation durchgeführt, um einen Vergleich zwischen Theorie und Experiment machen zu können (siehe Kapitel 6.4). Die Fresnellinse wurde nach dem *ersten* Layout hergestellt (mit einer dickeren mittleren konvexen Lamelle, siehe Abschnitt 4.2). Sie befand sich im Abstand von 5 mm von der bikonkaven Linse entfernt und war mit der bikonkaven CRL auf einem Wafer hergestellt worden.

Die gesamte Linsenplatte wurde in einen Linsenhalter geklemmt (siehe Abb. 6.3), der in 20 µm Schritten in x- und y-Richtung verschiebbar und in 0,2° Schritten verkippbar war. Eine CCD-Kamera mit einer Auflösung von 1,05 µm pro Pixel wurde in ca. 12 cm Abstand vom ersten Linsenelement auf einem in z-Richtung (in 100 µm Schritten) verschiebbaren Gestell positioniert. Der Abstand der Linse zur Quelle betrug ca. 13 m; die Linse wurde bezüglich der 200 μm × 800 μm großen Quelle zur Fokussierung der vertikalen Strahlrichtung (200 μm) ausgerichtet.

Beim Achromaten wurde im Bereich zwischen 11-12 cm der minimale Fokalfleck gesucht. Bei ca. 12 cm wurde für die mittlere Energie 7,8 keV der kleinste Fokalfleck detektiert. Die Energie wurde nun in 0,1 keV Schritten zwischen 7,1 keV und 8,3 keV durchgefahren, wobei bei einem Abstand von 12 cm pro Energie je ein Bild mit einer Belichtungszeit von 0,8 Sekunden gemacht wurde. Für das chromatische System wurden in einem Abstand von 5 cm vom ersten Linsenelement die Bilder der einzelnen Energien aufgenommen.

6.2. Experimentelle Ergebnisse

Die Bilder zu den einzelnen Energien wurden mit *Image J* ausgewertet. Bei den Daten der Intensitätsverteilungen der einzelnen Energien wurde jeweils das sogenannte *Hintergrundrauschen* (Streulicht, das gleichmäßig verteilt über dem ganzen Bild liegt) abgezogen. Die einzelnen Kurven sind für den Achromaten in Abb. 6.4 und für das chromatische System in Abb. 6.5 zusammengefasst. Auf den Bildern kann man erkennen, dass das Streulicht, das sich um den Fokus befindet, beim Achromaten relativ groß im Vergleich zur Intensitätsverteilung im Maximum des Fokalflecks ist. Ursachen dafür sind zum einen die viel geringere Gesamtintensität beim Achromaten, aber auch das durch die Linsen entstehende Streulicht (genauere Ursachen siehe Kapitel 6.4). Für das achromatische System macht sich bei 8,3 keV bereits die Ni 1s Absorptionskante bemerkbar, die Intensität des Peaks ist deutlich abgeschwächt. Deshalb hat der Fokalfleck des Achromaten bei 8,2 keV die größte Intensität. Anhand der übereinandergelegten Kurven in Abb. 6.4 kann man nur vage erkennen, dass sich die Halbwertsbreiten ähneln.

Beim chromatischen System (in Abb. 6.5) sieht man wie erwartet die maximale Intensität bzw. den maximalen Peak mit der minimalen Halbwertsbreite bei 7,8 keV. Die Intensitätsverteilungen der benachbarten Energien (7,7 keV und 7,9 keV) haben ähn-

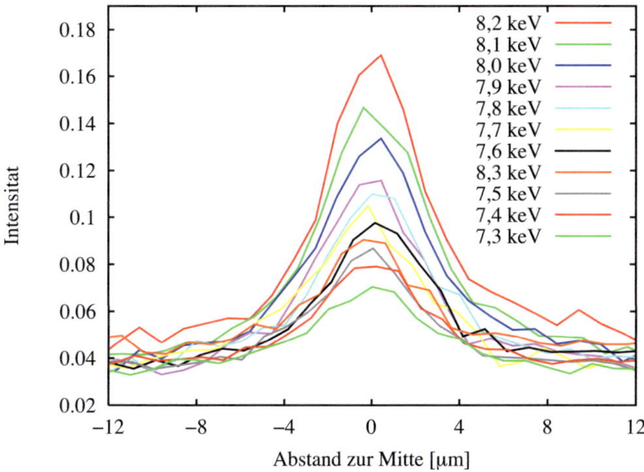

Abbildung 6.4.: Experimentell detektierte Fokalflecken des achromatischen Systems für die einzelnen Energien zwischen 7,1 keV und 8,3 keV.

lich hohe Maximalintensitäten. Mit steigender Energiedifferenz zur mittleren Energie (7,8 keV) werden die Maximalintensitäten kleiner.

Sowohl für das chromatische als auch für das achromatische System wurden die Halbwertsbreiten der Intensitätskurven ermittelt und in den Abb. 6.6 bzw. 6.7 die ausgewerteten Halbwertsbreiten gegen die Energie aufgetragen. Dabei wurde von den einzelnen Bildern zum einen das Hintergrundrauschen der Kamera ermittelt und abgezogen. Zum anderen wurde das Rauschen ermittelt, das durch Streulicht zustande kommt und einigermaßen gleichmäßig um den Fokalfleck liegt. Für Abb. 6.6 wurden beide Rauschen von der Maximalintensität des Peaks abgezogen, für Abb. 6.7 wurde nur das Hintergrundrauschen abgezogen. Bei der halben Höhe der ermittelten Maximalintensität wurde die Breite der generierten Kurve ermittelt. Die Intensität wurde auf die Intensität des ohne Linse detektierten Strahls normiert. Bei der chromatischen Linse zeigt sich das typische chromatische Verhalten, wie es bereits in Kapitel 4.3 gezeigt und diskutiert wurde. Die Halbwertsbreiten nehmen bei ei-

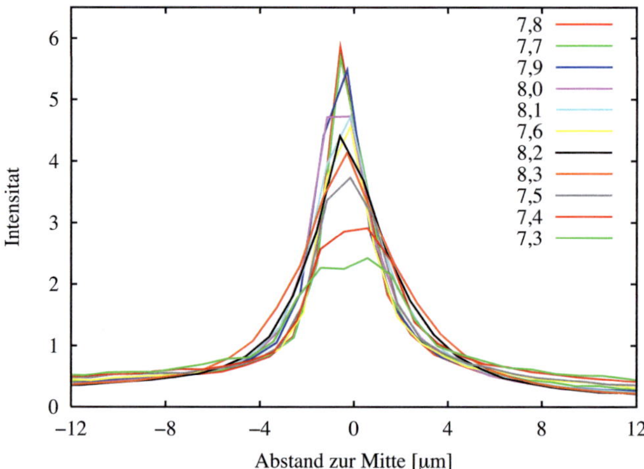

Abbildung 6.5.: Experimentell detektierte Fokalflecken des chromatischen Systems für die einzelnen Energien zwischen a) 7,3 keV und 8,3 keV bzw. b) 7,3 keV, 7,8 keV und 8,3 keV. Es ist vor allem in b) eine deutliche Verbreiterung des Fokalflecks der beiden äußeren Energien im Gegensatz zu dem Fokalfleck von 7,8 keV zu erkennnen.

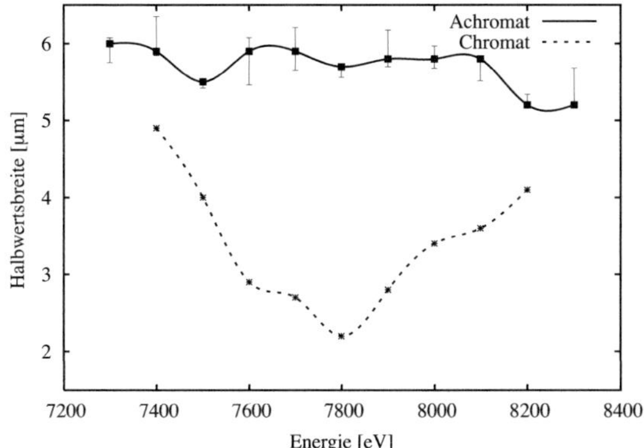

Abbildung 6.6.: Im Experiment detektierte Halbwertsbreiten des achromatischen und des chromatischen Systems als Funktion der Energie zwischen 7,3 keV und 8,3 keV. Beim Achromaten schwankt die Halbwertsbreite um maximal 9,4 %, die maximale Änderung der Halbwertsbreite ist beim chromatischen System 36 %.

ner Variation der Energie sofort und in beide Richtungen zu und erreichen bei den äußeren Energien des Energiebereichs sogar fast die dreifache Fokalfleckgröße. Das Schaubild macht deutlich, dass die Halbwertsbreiten des Achromaten im betrachteten Energiebereich etwa gleich sind. Die starken Schwankungen der Fehlerbalken des Achromaten (siehe Abb. 6.6) bei der Bestimmung der Halbwertsbreiten kommen durch die teilweise schwierige Streulichtbestimmung zustande. Der Fehler zur Bestimmung der Halbwertsbreiten des chromatischen Systems ist sehr klein und deshalb hier nicht sichtbar. Für den Achromaten wurde für diesen Energiebereich eine Halbwertsbreite von ungefähr 5,8 µm ermittelt. Da diese über den gesamten Energiebereich nur wenig schwankt, kann abgeleitet werden, dass die kombinierte Linse gut als Achromat funktioniert.

Wird das Streulicht bei der Ermittlung der Halbwertsbreiten nicht berücksichtigt, sondern lediglich das Hintergrundrauschen (siehe Abb. 6.7), wird vor allem im unteren Energiebereich eine andere Abhängigkeit der Halbwertsbreite von der Energie

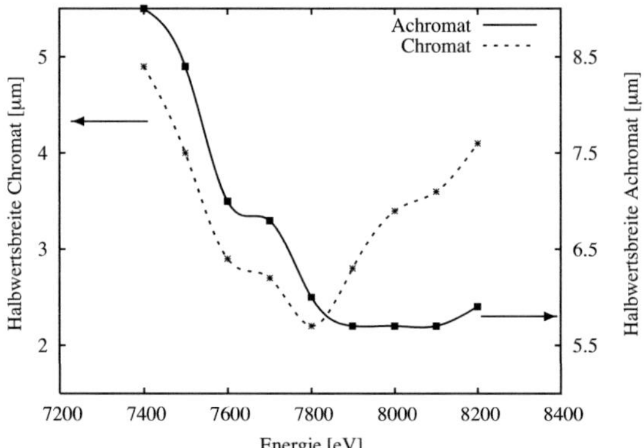

Abbildung 6.7.: Im Experiment detektierte Halbwertsbreiten des achromatischen (Skala links) und des chromatischen Systems (Skala rechts) als Funktion der Energie zwischen 7,3 keV und 8,3 keV (ohne Berücksichtigung des Streulichts). Der Achromat zeigt ab einer Energie von 7,8 keV achromatisches Verhalten, bei den niedrigen Energien ist er chromatisch.

beobachtet. Der Achromat zeigt nur bis ungefähr 7,8 keV achromatisches Verhalten und ist im unteren Energiebereich wieder chromatisch. Die Abweichungen zwischen den unterschiedlichen Detektionen werden später in diesem Kapitel genauer beschrieben.

6.3. Die theoretischen Ergebnisse

Zum Verständnis der experimentellen Ergebnisse werden im folgenden Abschnitt die theoretischen Ergebnisse, die mit dem suboptimalen Linsensystem zu erwarten sind, vorgestellt und diskutiert. Im anschließenden Abschnitt werden die theoretischen und die experimentellen Ergebnisse miteinander verglichen.

Es wurde sowohl das achromatische System als auch das chromatische System im Energiebereich zwischen 7,3 keV und 8,3 keV simuliert. Zunächst wurde die Brennweite gesucht, bei der die gesamte Halbwertsbreite des Systems minimal wird. Bei dem chromatischen System wird die Gesamthalbwertsbreite bei einer Brennweite von sechs Zentimetern minimal (genauer gesagt handelt es sich um den Abstand vom ersten Linsenelement zum Fokalfleck, nicht um den Abstand vom Fokalfleck zur Mitte der CRL). Diese Brennweite entspricht derjenigen, bei der die diskrete Energie 7.8 keV zu einer minimalen Halbwertsbreite führt. Bei dem achromatischen System wird die Gesamthalbwertsbreite bei einer Brennweite von 11,8 cm minimal (wiederum Abstand vom ersten Linsenelement zum Fokalfleck). In Abb. 6.8 sind die Intensitätsverteilungen beider Systeme für die Energien 7,3 keV, 7,8 keV und 8,3 keV (von links nach rechts, erst für das chromatische, dann für das achromatische System) entlang der optischen Achse aufgetragen. (Eine vergleichbare Darstellung gibt es bei den Experimenten nicht). Die beiden Positionen, an denen die Halbwertsbreiten des gesamten Energiebereichs detektiert werden sollen, sind jeweils mit einer schwarzen Linie versehen. Hier zeigt sich deutlich, dass das chromatische System bei jeder Energie einen diskreten Peak hat. Die Peaks haben jeweils einen Abstand von ungefähr einem Zentimeter.

Die Intensitätsverteilung des Achromaten entlang der optischen Achse unterscheidet sich in drei Punkten maßgeblich. Die Brennweite des Achromaten ist größer. Die Peaks sind nicht mehr so spitz, sondern verschmieren entlang der optischen Achse. Das heißt, dass die Fokaltaille der einzelnen Energien länger wird. Außerdem wandern die Peaks zumindest zweier Energien (7,8 keV und 8,3 keV) näher zusammen, so dass sie sich überlappen. Der Peak von 7,3 keV liegt knapp zwei Zentimetern von den beiden anderen entfernt, es gibt nur im unteren Intensitätsbereich Überlappungen mit den Intensitätsverteilungen der beiden anderen Energien. Das heisst, dass der Achromat für die Energien 7,8 keV und 8,3 keV funktioniert, nicht jedoch für 7,3 keV. Eine genauere Analyse kann man durch die Detektion der einzelnen Fokalflecken bei den jeweiligen Brennweiten f_{chrom} und f_{achrom} durchführen. In Abb. 6.9 sind die Intensitätsverteilungen der drei Energien aus Abb. 6.8 in der Fokalebene bei den

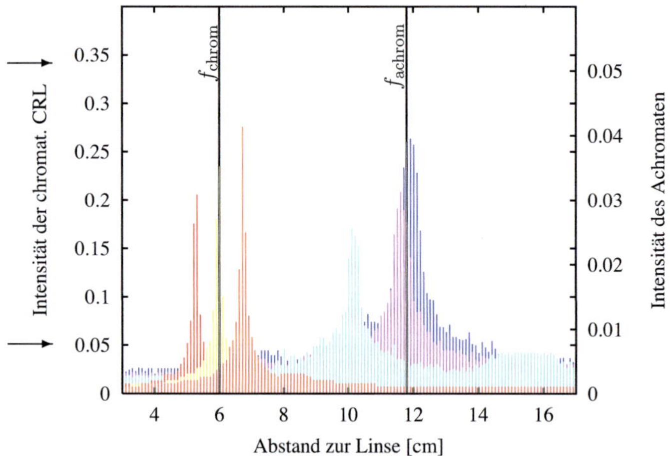

Abbildung 6.8.: Intensitätsverteilungen entlang der optischen Achse für das chromatische (links) und das achromatische (rechts) System von 7,3 keV, 7,8 keV und 8,3 keV (jeweils von links nach rechts). Während die Intensitätspeaks des chromatischen System für jede der drei Energien diskret und voneinander separiert sind, sind die Peaks des Achromaten bereits entlang der optischen Achse für die drei Energien verschmiert. Die Peaks von 7,8 keV und 8,3 keV überlappen sich. Dies spiegelt sich auch in der Fokalfleckdetektion in Abb. 6.9 wider. (Eine vergleichbare Darstellung gibt es bei den Experimenten nicht).

jeweiligen Brennweiten dargestellt. Das in Abb. 6.8 schon ablesbare Ergebnis wird hier bestätigt:

- das chromatische System zeigt einen schmalen und hohen Peak für die mittlere Energie (7,8 keV), die Maximalintensität ist zehnmal so hoch, wie die der beiden anderen Energien. Die Halbwertsbreiten der beiden äußeren Energien sind wesentlich breiter (zehnmal so breit) als die der mittleren Energie.

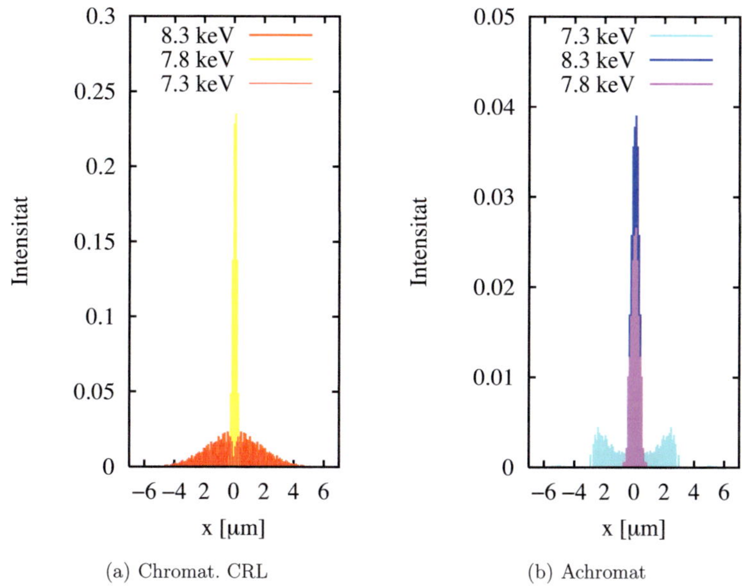

(a) Chromat. CRL

(b) Achromat

Abbildung 6.9.: Vergleich der Intensitätsverteilungen von 7,3 keV, 7,8 keV und 8,3 keV für a) das chromatische und b) das achromatische System (x $\hat{=}$ senkrecht zur optischen Achse). Dabei zeigt sich beim chromatischen System ein extremer Peak gegenüber den anderen beiden Energien. Das liegt daran, dass die Detektion bei der Brennweite von 7,8 keV, also genau im Brennpunkt dieser Energie, durchgeführt wurde. Beim Achromaten liegen die Brennweiten von 7,8 keV und 8,3 keV übereinander, wie es schon in Abb. 6.8 erkennbar ist. Brennweite des chromatischen Systems: 6 cm, Brennweite des achromatischen Systems: 11,8 cm.

- das achromatische System zeigt einen ähnlichen Fokalfleck für die Energien 7,8 keV und 8,3 keV, während der Fokalfleck von 7,3 keV wesentlich breiter ist. Die hohe Absorption der Nickellinse bei 7,3 keV ($\beta_{7,3\text{keV}} = 7,410^{-7}$) führt zum Intensitätsrückgang im Zentrum des Fokalflecks (auf der optischen Achse). Die Breite der Intensitätsverteilung von 7,3 keV zeigt, dass hier der Achromat nicht ausreichend funktioniert. Dagegen sind die Intensitätsverteilungen von 7,8 keV und 8,3 keV sehr ähnlich. Es gibt lediglich einen höheren Peak bei 8,3 keV.

Das Linsensystem zeigt also eindeutig achromatisches Verhalten bei den Energien 7,8 keV und 8,3 keV. In den Abb. 6.10 wurden zur genaueren Analyse die Intensitätsverteilungen der Energien zwischen 7,6 keV und 8,3 keV in 0,1 keV-Schritten detektiert. Es zeigt sich, dass vor allem im oberen Energiebereich (7,8 keV-8,3 keV) die Intensitätsverteilung beim Achromaten (rechts) wesentlich gleichmäßiger ist, als beim chromatischen System (links). Dort ist der Peak bei der mittleren Energie (7,8 keV) besonders scharf, die Intensitätsverteilung bei den übrigen Energien wesentlich breiter und intensitätsschwächer. Zur Verdeutlichung der achromatischen Funktionsweise sind in Abb. 6.11 die aus der Simulation ermittelten Halbwertsbreiten (bei f_{chrom} und f_{achrom}) für das chromatische und das achromatische System als Funktion der Energie aufgetragen. Die Kurve des Chromaten zeigt – wie in Kapitel 4.2 bereits demonstriert – die erwartete Form, mit einem Minimum bei 7,8 keV ($f_{\text{chrom}} = f_{7,8\text{keV}}$) und einem sofortigen Anstieg der Halbwertsbreiten bei höheren und niedrigeren Energien. Die Kurve des Achromaten zeigt für die Energien unterhalb 7,8 keV einen Anstieg der Halbwertsbreiten, wie bei einem chromatischen System. Hier funktioniert die kombinierte Linse noch nicht als Achromat.

Bei den Energien oberhalb von 7,8 keV dagegen gleichen sich die Halbwertsbreiten an. Es gibt einen flacheren Anstieg der Halbwertsbreiten mit der Energie im Gegensatz zum chromatischen System, aber auch wieder einen Rückgang bei 8,3 keV. Das kombinierte Linsensystem zeigt also im oberen betrachteten Energiebereich achromatisches Verhalten. Die Kurve des Achromaten unterscheidet sich von der in Kapitel 4.2 demonstrierten Kurve für ein achromatisches System, da es sich hier um ein nicht-optimiertes System handelt. Die numerischen Simulationen wurden spezi-

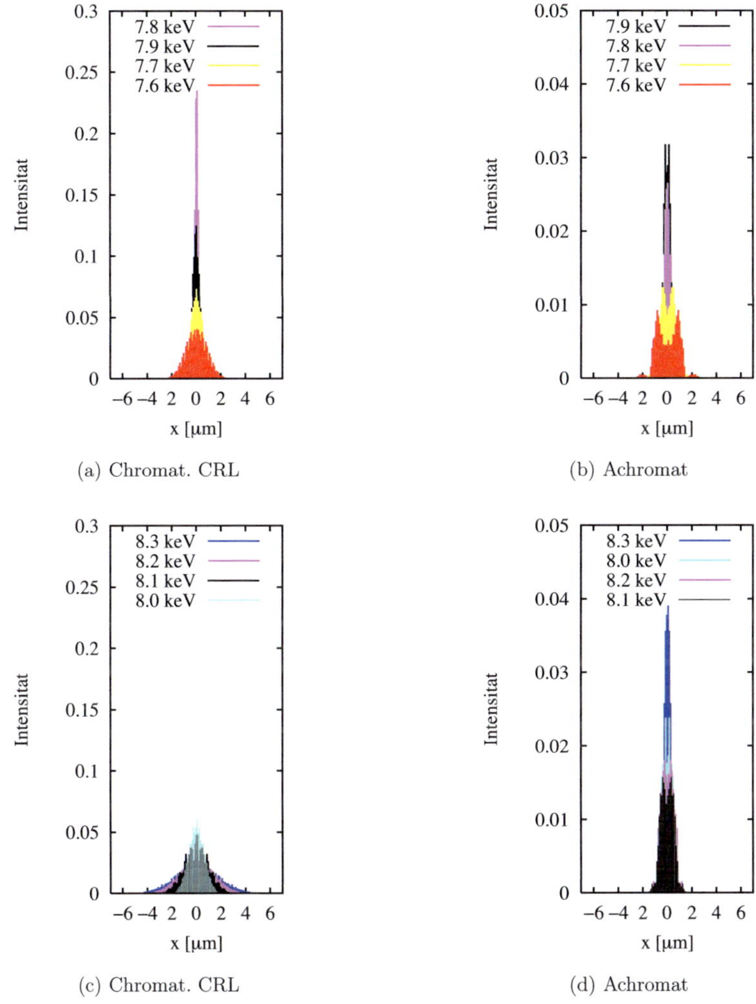

(a) Chromat. CRL

(b) Achromat

(c) Chromat. CRL

(d) Achromat

Abbildung 6.10.: Vergleich der Intensitätsverteilungen der einzelnen Energien zwischen 7,6 keV und 8,3 keV für a) und c) das chromatische (links) und b) und d) das achromatische System (rechts) (x $\hat{=}$ Ausdehnung senkrecht zur optischen Achse). Brennweite des chromatischen Systems: 6 cm, Brennweite des achromatischen Systems: 11,8 cm.

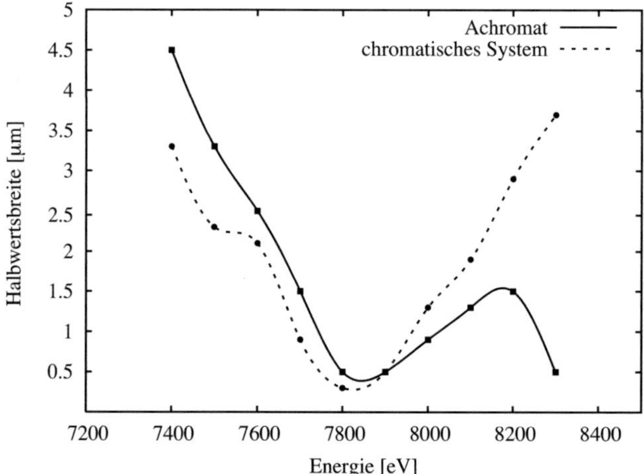

Abbildung 6.11.: Aus den Simulationen berechnete Halbwertsbreiten des chromatischen und des achromatischen Systems als Funktion der Energie. Zwischen 7,8 keV und 8,3 keV kann die chromatische Aberration durch den Achromaten verringert werden. Diese Simulationen wurden speziell zur Beschreibung des im Experiment benutzten, nichtidealen Systems durchgeführt und weisen deshalb ein weniger gutes Ergebnis als die in Kapitel 4.2 auf.

ell zur Beschreibung des nicht-idealen Experiments durchgeführt, bei dem lediglich die Reduktion der chromatischen Aberration beim Achromaten im Gegensatz zum Chromaten gezeigt werden sollte. Eine solche Verbesserung der Halbwertsbreiten des Achromaten kann offensichtlich auch mit einem nicht-idealen System gezeigt werden.

6.4. Vergleich der experimentellen und der theoretischen Ergebnisse

Das im Experiment beobachtete achromatische Verhalten des kombinierten Linsensystems oberhalb von 7,7 keV kann durch die theoretischen Simulationen beschrieben werden. Während es in den Simulationen lediglich eine Angleichung des Fokalflecks zwischen 7.7 keV und 8,3 keV gibt, kann im Experiment über den gesamten betrachteten Energiebereich achromatisches Verhalten beobachtet werden (die Detektion der Halbwertsbreite bei Abzug des Streulichts (siehe Abb. 6.6) wurde hier als Grundlage der Betrachtungen genommen).

Mit dem Experiment konnte also bestätigt werden, dass man durch Kombination verschiedener Linsensysteme (bikonkave CRL und bikonvexe Fresnellinse) auch im Röntgenbereich einen Achromaten bauen kann. Dies ist vor allem deshalb positiv, da es sich bei dem experimentell getesteten Linsensystem um ein für diesen Energiebereich nicht-ideales System gehandelt hat. Die Fokalflecken konnten über eine Bandbreite von einem keV einander angeglichen werden, so dass das Linsensystem als Achromat arbeitet. Die Abweichungen der experimentellen und theoretischen Ergebnisse lassen sich in zwei verschiedene Kategorien klassifizieren: die qualitative und die quantitative Abweichung.

Qualitative Abweichung

Mit der qualitativen Abweichung ist die Abweichung der Veränderung der Halbwertsbreite mit der Energie gemeint. Während bei den Simulationen unterhalb von 7,8 keV kein achromatisches Verhalten mehr zu beobachten ist, kann im Experiment über den gesamten Energiebereich die chromatische Aberration reduziert werden. Der Grund dafür liegt in dem relativ starken Streulichtanteil (siehe Abb. 6.4). Denn vergleicht man in Abb. 6.11 und 6.12 die durch die Simulation ermittelten Halbwertsbreiten mit den experimentellen Halbwertsbreiten, die ohne Berücksichtigung des Streulichts detektiert wurden, so kann man eine gute qualitative Übereinstimmung der beiden Kurven beobachten. Beide zeigen für die Energien oberhalb von 7,7 keV achromatisches Verhalten, während die Achromaten unterhalb von 7,7 keV chromatisch werden. Berücksichtigt man das Streulicht bei der Ermittlung der Halbwertsbreite so wird über den gesamten Energiebereich achromatisches Verhalten beobachtet. Das starke Streulicht sorgt für solch eine große Diskrepanz, das vor allem im unteren Energiebereich durch die ohnehin schon geringe Intensität noch viel stärker ins Gewicht fällt. Das hat zur Folge, dass die maximale Intensität kleiner ist und somit auch eine kleinere Halbwertsbreite detektiert wird. Dadurch steigt die Halbwertsbreite für die unteren Energien nicht an.

Quanitative Abweichung

Bei den quantitativen Abweichungen handelt es sich um die allgemeine Vergrößerung der detektierten Halbwertsbreiten im Gegensatz zu den numerisch ermittelten. Bei beiden Systemen (Achromat und Chromat) ist die durch die Simulationen ermittelte minimale Halbwertsbreite deutlich von der experimentell ermittelten Halbwertsbreite verschieden. Während im Experiment über den gesamten Energiebereich eine Halbwertsbreite von ca. 5,8 μm detektiert wurde, sollten laut Simulation die Halbwertsbreiten im oberen Energiebereich zwischen 0,5 μm und 1,5 μm liegen, im unteren Energiebereich wurden Halbwertsbreiten bis 4,5 μm ermittelt. Auch beim chromatischen System wurde die theoretisch ermittelte Halbwertsbreite von 0,35 μm nicht erreicht, die kleinste detektierte Halbwertsbreite lag bei einer sechsfach höheren Halbwertsbreite von 2,2 μm. Diese Abweichungen der Halbwertsbreite lassen sich unter Berücksichtigung der folgenden Punkte gut verstehen:

1. Die theoretisch detektierte Intensitätsverteilung geht von einem perfekten System aus, wie es generell und vor allem in einem ersten Versuch nicht umgesetzt

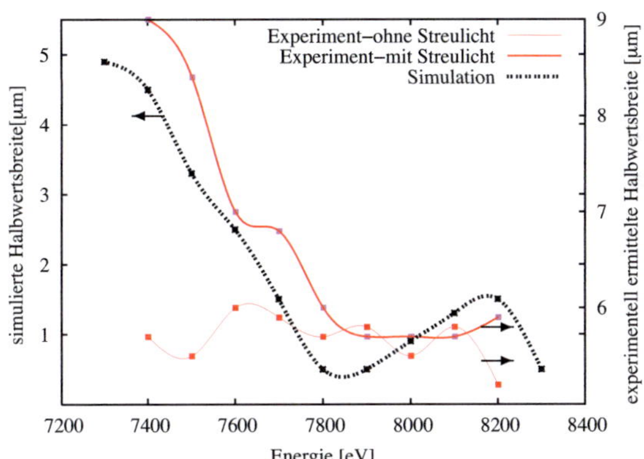

Abbildung 6.12.: Theoretische (gepunktete schwarze Linie) und experimentelle Halbwertsbreiten im Vergleich zwischen 7,3 keV und 8,3 keV. Dabei wird bei den experimentellen Kurven unterschieden zwischen der Halbwertsbreite des Peaks gemessen vom Streulicht ab (hell) und einer detektierten Halbwertsbreite bei Vernachlässigung des Streulichts (durchgezogene rote Linie).

werden kann. Verschiedene Prozessschritte haben den Herstellungsprozess negativ beeinflusst:

- die bikonkaven Linsen des Achromaten mussten nach ihrer eigentlichen Fertigstellung noch weitere Prozesse durchlaufen (es wurden Hilfsstrukturen mechanisch vom Wafer entfernt, die bikonkaven SU-8 Linsen wurden mit PMMA abgedeckt, dieses wurde wieder entfernt), was zu Verbiegungen und Verzerrungen geführt haben kann.

- die Fresnellinsen können durch ihre anspruchsvolle Form bisher nur mit Einbußen an den Beugen und Spitzen hergestellt werden (siehe Abb. 6.13). Kanten, wie sie theoretisch konzipiert werden, können in der Lithographie noch nicht umgesetzt werden. Aufgrund bisheriger Erfahrungen wird ein ungefährer Verrundungsradius von 0,5 μm abgeschätzt, der an den beiden Extremstellen (siehe Abb. 6.13) zu Ungenauigkeiten führt. Zum einen gibt es solche Verrundungen an den Innenbeugen (siehe Abb. 6.13, 1), an denen die intensitätsreichsten Strahlen gebrochen werden. Diese Verrundungen unterstützen nicht die eigentliche Linsenform (siehe auch nächster Punkt), sondern sind konträr (bikonkav). Zum anderen werden die Spitzen stark abgerundet (siehe Abb. 6.13, 2) und dadurch verkürzt. Dies bedeutet, dass weniger Material durchlaufen wird, aber auch, dass die Strahlen an einer anderen Stelle und intensitätsreicher als berechnet ankommen. Dies kann auch zu Verschmierungen führen, die allerdings durch ihren langen Weg durch absorbierendes Material keinen nennenswerten Beitrag liefern.

2. Durch die Imperfektionen bei der Herstellung der Fresnellinse, vor allem durch die Verrundungen in den Beugen, werden genau die intensitätsreichsten Strahlen gleichmäßig in alle Richtungen gestreut. Dieser Intensitätsbeitrag geht somit im Peak verloren. Im Vergleich zu den theoretisch ermittelten Brennweiten und Halbwertsbreiten geht gerade der Beitrag der intensitätsreichsten Strahlen verloren. Dadurch kommt es zu einer deutlichen Vergrößerung der Halbwertsbreite.

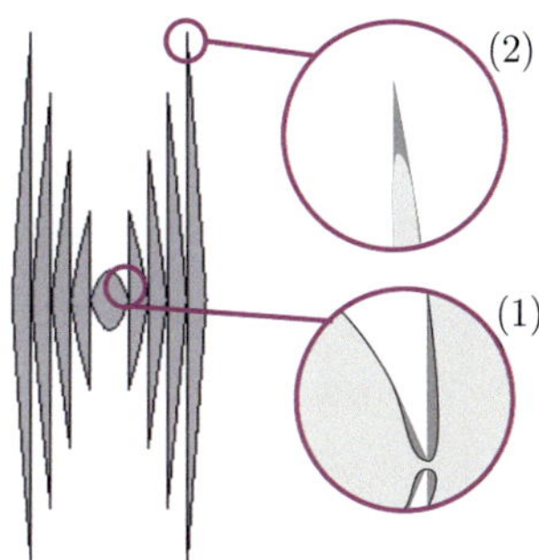

Abbildung 6.13.: Bei der Herstellung der Fresnellinsen kommt es vor allem an den Beugen (1) und Spitzen (2) wegen Verrundungen zu Ungenauigkeiten und damit zu Intensitätsverlusten durch Streuung. Leider gibt es genau an den Beugen die geringste Absorption.

3. Die theoretisch berechnete Brennweite und die Brennweite, bei der im Experiment detektiert wurde, weichen voneinander ab (Simulation: f_achro=11,7 cm, f_chro=6 cm, Experiment: f_achro=12 cm, f_chro=5 cm).
Unterscheidet sich die Brennweite, bei der detektiert wird, von der optimalen Brennweite, kommt es zu einer allgemeinen Aufweitung der Intensitätsverteilung. Um diesen Effekt zu demonstrieren, sind in Abb. 6.14 die Schnitte in den Fokalebenen über einen Bereich von 2 cm entlang der optischen Achse übereinandergelegt. Im Gegensatz zu der bei genau 11,8 cm detektierten Intensitätsverteilung in Abb. 6.9 kommt es hier zu einer allgemeinen Aufweitung.

4. Die benutzte CCD-Kamera hat eine Auflösung von über einem Mikrometer, ein Fokalfleck von 0,35 μm kann also nicht detektiert werden.

Wenn man also die diskutierten Fehlerquellen miteinander vegleicht, so sollten vor allem die Punkte 1) und 2) zur Abweichung der Fokalfleckgröße des Achromaten im

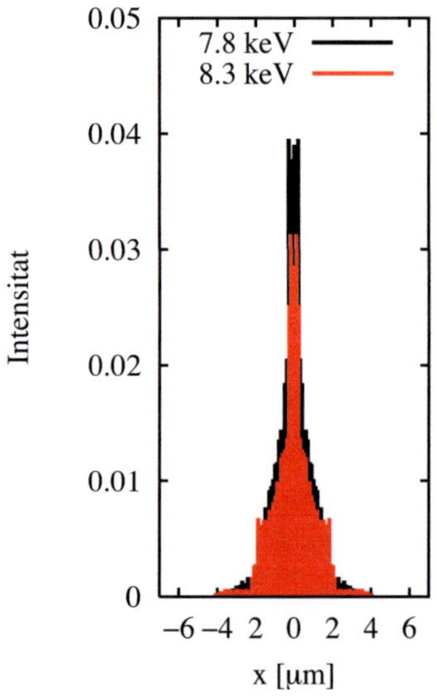

(a) Intensitätsverteilung

Abbildung 6.14.: Die Intensitätsverteilung des Achromaten bei 7,8 keV und 8,3 keV ist hier aufgetragen (x $\hat{=}$ Ausdehnung senkrecht zur optischen Achse). Dabei war die Detektion nicht genau bei einer Brennweite, sondern es wurden die Fokalebenen auf einer 2 cm langen Strecke entlang der optischen Achse übereinandergelegt. Dafür wurden die millimeterweise detektierten Schnitte der Fokalebene zwischen 11 cm und 13 cm übereinander aufgetragen. Dies soll verdeutlichen, wie sich durch eine Verschiebung der Detektion entlang der optischen Achse die Intensitätsverteilung aufweitet.

Experiment von denen in der Simulation ermittelten beigetragen haben. Die Differenz beim Chromaten wird vor allem durch Punkt 4) verursacht.

6.5. Zusammenfassung des Experiments

Die Auswertung der Experimente hat eine gute qualitative Übereinstimmung mit den numerischen Vorhersagen gebracht. So konnte durch das Experiment (sowohl unter Berücksichtigung des Streulichts, als auch ohne) eindeutig eine Reduktion der chromatischen Aberration gefunden werden. Bei der Auswertung der Halbwertsbreite ohne Berückschtigung des Streulichts konnte eine ähnliche Abhängigkeit der Halbwertsbreite von der Photonenenergie wie in der Simulation beobachtet werden. Mit diesen Punkten wird sowohl das grundsätzliche Konzept von Röntgenachromaten durch die Kombination von bikonkaven CRLs und bikonvexen Fresnellinsen bestätigt als auch die Beschreibung durch geeignete Simulationen verifiziert.

7. Zusammenfassung

Inhalt dieser Dissertation waren vor allem Simulationen zu achromatischen Röntgenlinsen, aber auch die Herstellung und der exemplarische experimentelle Test ihrer optischen Funktion an einem Beispiel. Achromaten sind vor allem bei zwei Anwendungen von großem Nutzen. Die eine Anwendungsmöglichkeit sind Mikroskopieexperimente, bei denen die Energie der Röntgenstrahlen schnell variiert werden muss, ohne dabei Strahl oder Probe nachjustieren zu müssen. Dies ist beispielsweise bei Röntgenabsorptions- (vor allem EXAFS[1]- oder XANES[2]) oder resonanten Röntgenfluoreszenz- (RIXS[3]-) Messungen der Fall. Hier muss bei Bestrahlung einer Probe die Energie über einen bestimmten Energiebereich gescannt werden, um aus den Absorptions- oder Fluoreszenzspektren die quantitative Zusammensetzung und den chemischen Zustand der einzelnen Elemente zu bestimmen. Bei den bisherigen Messungen muss die Probe für jede Energie erneut im Fokus ausgerichtet werden, was viel Zeit kostet. Außerdem ist eine Veränderung des Fokus beim Scannen im Fall von lateral inhomogenen Proben oder Mikro- bzw. Nanostrukturen für quantitative Untersuchungen sehr unangenehm und muss durch Korrekturen bei der Auswertung berücksichtigt werden. Dies lässt sich durch einen Achromaten vermeiden. Eine andere Anwendungsmöglichkeit von Achromaten sind Experimente, bei denen breitbandig (>0,3 %) monochromatisiert werden kann. Durch die breitbandigere Monochromatisierung kann der Outputfluss drastisch gesteigert werden. Für solche Experimente kann statt mit einem Si-Doppelmonochromator mit Multilayerspiegeln monochromatisiert werden. Dabei können Bandbreiten bis zu 20% realisiert werden. Zur Fokus-

---

[1] Extended **X**-ray **A**bsorption **F**ine **S**tructure
[2] **X**-ray **A**bsorption **N**ear **E**dge **S**tructure
[3] **R**esonant **I**nelastic **X**-ray **S**cattering

sierung eines breitbandigen Strahls müssen dann allerdings Achromaten eingesetzt werden.

Aufgrund dieser verschiedenen Anwendungsmöglichkeiten gab es im Rahmen dieser Arbeit unterschiedliche Anforderungen an das achromatische System. Für die zuerst genannten Achromaten müssen alle Energien aus einem festgelegten Energiebereich in möglichst den gleichen Fokalfleck fokussiert werden. Deshalb war der Fokalfleck jeder einzelnen Energie wichtig. Bei der zweiten Anwendung kam es nur auf den resultierenden Fokalfleck aller Energien an, die einzelnen Fokalflecken waren nicht von Bedeutung. Durch das Fokussieren eines breitbandigen Strahls sollte vor allem der *gain* im Fokalfleck gesteigert werden.

Um solche achromatische Röntgenlinsen zu realisieren, wurden zwei verschiedene Ansätze analysiert, beide bestehend aus fokussierenden und defokussierenden Elementen, letztere um die Dispersion des fokussierenden Elements zu kompensieren. Eines dieser Systeme ist aus einem diffraktiven fokussierenden Element, einer Zonenplatte, und einem refraktiven defokussierenden Linsensystem zusammengesetzt. Da Zonenplatten primär für weiches Röntgenlicht optimiert sind, wurde dieses Konzept nach einer ersten Analyse nicht intensiv verfolgt, sondern der Schwerpunkt wurde auf die rein refraktiven Achromaten gelegt. Das andere System besteht aus zwei refraktiven Röntgenlinsensystemen, wobei das eine fokussierend und das andere defokussierend ist. Um die Transmission zu erhöhen, wurden bei beiden Systemen die defokussierenden (bikonvexen) Linsen als Fresnellinsen ausgebildet. Bei solchen Linsen wird das optisch passive Material, das nur die Absorption erhöht, herausgenommen. Durch die Kombination derartiger fokussierender und defokussierender Elemente konnte der gemeinsame Fokalfleck aller Energien eines ausgewählten Energiebereichs im Gegensatz zu dem eines chromatischen Systems signifikant reduziert werden.

Zur Auslegung der System wurden neben Designanalysen numerische Simulationen mit verschiedenen Materialkombinationen durchgeführt und miteinander verglichen. Dabei wurde deutlich, dass ein großer Brechzahlunterschied zwischen den beiden Materialien zu einer besseren Fokalfleckreduzierung führt, aber dies meist mit einem größeren Absorptionskoeffizienten des bikonvexen Linsenmaterials verbunden ist. So erzeugen zwei wenig absorbierende Materialien (z.B. Beryllium und SU-8), die aber nur eine geringe Brechzahldifferenz haben, kaum einen achromatischen Effekt. Dagegen kann mit dem relativ stark absorbierenden Nickel in Kombination mit SU-8 der Fokalfleck des achromatischen Systems stark reduziert werden, allerdings um den Preis eines deutlichen Intensitätsverlusts im Vergleich zu der Materialkombination Beryllium und SU-8. Die Strahlbreite beträgt weniger als $1\,\mu$m. Eine ca. 20 % breitere Strahlbreite wird mit der Materialkombination SU-8 und Aluminium erzielt. In diesem Fall ist die Transmission im betrachteten Energiebereich deutlich höher (Faktor 5). Leider ist für die Strukturierung optimierter Linsen in Aluminium noch keine Prozesstechnik vorhanden.

Durch das sukzessive Anfügen von Fresnellinsen reduziert sich die chromatische Aberration einer Röntgenlinse bis zu einer gewissen Linsenanzahl schrittweise. Mit wachsender Zahl an Fresnellinsen wird jedoch auch die Absorption immer größer. Da bei größerer Linsenzahl insbesondere die achsnahen Strahlen absorbiert werden – dort ist die Materialstärke relativ gesehen größer – und damit die Intensität im Maximum relativ gesehen stärker abnimmt, kann eine geringere Anzahl von Fresnellinsen oft einen kleineren Fokalfleck und einen größeren *gain* erzeugen, als bei der maximalen Reduktion des Farblängsfehlers.

Wird nach dem minimalen Fokalfleck aller Energien eines Energiebereichs gesucht, ohne dabei die Halbwertsbreite zu beachten, kann mit mehreren bikonvexen Fresnellinsen ein relativ kleiner Gesamtfokalfleck gewonnen werden. Dieser hat dann jedoch durch die starke Absorption einen sehr geringen *gain*. Die hier dargestellte Analyse gilt für den Bereich niederer Energie. Da weiter oberhalb der Absorptionskante von 8,3 keV der Absorptionskoeffizient von Nickel abnimmt, verbessert sich für diesen Bereich die Transmission deutlich. Insofern lässt sich das Potential für achromatische Linsen aus einer Materialkombination von SU-8 und Nickel mit zunehmender Photonenenergie besser ausschöpfen.

Exemplarisch wurden Achromaten bestehend aus bikonkaven SU-8 Linsen und Nickelfresnellinsen hergestellt. Es wurden zwei verschiedene Möglichkeiten der Herstellung erfolgreich durchgeführt. Bei der einen Variante wurden die SU-8 Linsen und die Nickellinsen separat hergestellt und im Nachhinein zueinander ausgerichtet und zusammengefügt. Bei der anderen Variante wurde das gesamte achromatische Linsensystem zusammen auf einem Wafer hergestellt. Beide Varianten sind generell möglich, Vorteil der separaten Herstellung ist, dass die SU-8 und die Nickellinsen im Nachhinein neu gruppiert werden können, man also flexibler ist. Nachteil ist, dass es leicht zu Ungenauigkeiten bei der Ausrichtung und Befestigung der Linsen kommen kann.

Zur Überprüfung wurde ein achromatisches Linsensystem unterhalb der Absorptionskante von Nickel im Energiebereich zwischen 7,1 keV und 8,3 keV getestet. Für jede Energie wurde bei einer festgelegten Brennweite der Fokalfleck mit der CCD Kamera aufgenommen. Die Fokalflecken der einzelnen Energien lagen gut übereinander und waren ungefähr gleich groß. Die Halbwertsbreite betrug ca. 6 μm. Dieser Wert ist höher als der theoretisch ermittelte Wert, was auf unvermeidbare Unzulänglichkeiten im Design (Verrundung der Spitzen der Fresnellinsen) und in der Prozesstechnik zurückzuführen ist. Damit konnte zum einen das hier untersuchte Konzept eines Achromaten im Röntgenbereich im Prinzip experimentell bestätigt werden. Zum anderen wurde nachgewiesen, dass die im Rahmen der Arbeit entwickelten Simulationstools die experimentelle Realität recht gut beschreiben können und deshalb zur Optimierung von Achromaten erfolgreich eingesetzt werden können.

Mit der Arbeit wurde erstmalig die Herstellbarkeit und die Funktion von Achromaten im Röntgenbereich gezeigt. Es wurde aber auch das Potential für eine weitergehende Optimierung aufgezeigt. Dieses Potential sollte in zukünftigen interessanten Arbeiten ausgeschöpft werden:

- Wie bereits dargestellt konnten gute Ergebnisse bei der Herstellung der kombinierten Linsen aus SU-8 und Nickel trotz der relativ großen Absorption von Nickel erzielt werden. Dennoch kann durch Verbesserung einzelner Prozessschritte, wie z.B. das Ätzen der Opferschicht zum Ablösen der Nickelstrukturen oder der Plasmaprozess zum Strippen der Nickelstrukturen, das achromatische Linsensystem und die damit erzielte Reduktion der chromatischen Aberration optimiert werden. Des weiteren bietet eine bereits in der Arbeit theoretisch analysierte Verbesserung des Designs, das eine Reduktion des absorbierenden Materials zum Ziel hat, eine Möglichkeit die Absorption auch im niederen Energiebereich zu vermindern.

- Wie in Kapitel 4.4 diskutiert, bietet neben der Materialkombination SU-8–Nickel eine Kombination aus bikonkaven SU-8 Linsen und bikonvexen Fresnellinsen aus Aluminium eine vielversprechende Option, bei der die Absorption auch im niederen Energiebereich eine geringere Rolle spielt. Sollte es prozesstechnisch möglich sein Aluminiumfresnellinsen zu realisieren, wäre es sicherlich sehr interessant eine solche Kombination zu testen.

- Im Hinblick auf die Absorption bietet der Einsatz von Achromaten bei höheren Energien deutliche Vorteile. Im Rahmen der Arbeit war ein Test bei höheren Energien aufgrund der mangelnden zeitnahen Verfügbarkeit geeigneter Bestrahlungsmöglichkeiten nicht möglich. Dieser sollte in naher Zukunft unter Verwendung eines optimierten achromatischen Systems nachgeholt werden. Dies würde das aufgezeigte Potential des achromatischen Aufbaus untermauern.

- Der Einsatz und die Vorteile eines Achromaten an einem breitbandigen Strahlrohr konnten im Rahmen der Arbeit ebenfalls nur theoretisch diskutiert werden. Die Verifizierung der positiven theoretischen Ergebnisse muss in einem weiteren Experiment erfolgen.

- Dies gilt auch für den Nachweis des achromatischen Effekts durch eine Detektion entlang der optischen Achse (siehe Abb. 6.8). Während die Fokalflecken und damit auch die Brennweiten des chromatischen Systems diskret entlang der optischen Achse verteilt sind, überschneiden sich die Fokalflecken des Achromaten in einem bestimmten Bereich, was in einer langen Fokaltaille resultiert.

- Neben den experimentellen Arbeiten erscheint es angebracht zu sein, basierend auf den im Rahmen der Arbeit entwickleten Simulationstools, die theoretische

Berechnung des auftretenden Streulichts in die Simulation mit einzubeziehen, da hierdurch die Linsenoptimierung verfeinert werden kann. Dazu gehört auch die Analyse, inwieweit Designimperfektionen der Linsen sowohl das Streulicht als auch eine veränderte Transmission hervorrufen können.

Diese Liste ist nur ein kleiner Ausblick von möglichen Folgeprojekten, um die Funktionsweise von Achromaten zu überprüfen und weiter zu verbessern und damit auf den in der Arbeit erarbeiteten Grundlagen basierend eine für Röntgenexperimente wertvolle und neuartige Komponente sicher auch mit reproduzierbar guter Qualität bereitstellen zu können.

A. Anhang

A.1. Plausibilitätskontrollen der numerischen Simulationen

Zur Überprüfung des Programms und der Detektion wurden verschiedene Kontrollen eingebaut. Neben der visuellen Kontrolle des Strahlenverlaufs ab der Quelle (siehe Abb. 4.14, wird auch der Verlauf durch die Linsen und zwischen den Linsen geprüft (siehe Abb. A.1). Dafür werden in mehreren Dateien verschiedene Daten mitgeschrieben:

1. die Linsenoberflächen der bikonkaven und der bikonvexen Fresnellinsen,

2. jeder Schnittpunkt der Strahlen mit jeder Linsenoberfläche (inklusive deren Intensität),

3. die Werte zwischen den Schnittpunkten innerhalb und außerhalb der Linse,

4. die Schnittpunkte der Strahlen mit der optischen Achse (inklusive der Intensität),

5. die Schnittpunkte der Strahlen mit den einzelnen Fokalebenen, die millimeterweise abgerastert werden (inklusive der aufsummierten Intensitäten der Strahlen),

6. die aufsummierten Intensitäten in der Fokalebene, die in der Brennweite des Achromaten bzw. des Chromaten liegt

werden jeweils in eine Datei geschrieben. So kann durch Auftragen der einzelnen oder auch einer Kombination verschiedener Dateien das Ergebnis geprüft werden.

- Es können beispielsweise die Dateien 1) und 2) (und 3)) in eine Datei geschrieben werden (siehe A.2) um so den Strahlenverlauf durch die Linsen zu prüfen. Die Schnittpunkte müssen auf den Linsenoberflächen liegen, die Strahlen innerhalb bzw. außerhalb der Linsen müssen durch diese Schnittpunkte gehen und mit den Linsendaten übereinstimmen.

- Die Intensität der Strahlen sollte bei den Schnittpunkten immer weiter abnehmen, an den Außenseiten der Linse stärker als an den Innenseiten, mit einer sprunghaften Abnahme bei den Fresnellinsen. Die Strahlen mit der geringeren Energie nehmen stärker ab (siehe blaue Punkte in Abb. A.4), da der Absorptionskoeffizient höher ist.

- Die Strahlen müssen stetig zur optischen Achse hin konvergieren, mit einer leichten Unterbrechung auf Höhe der Fresnellinsen. Dabei konvergieren die Strahlen mit geringerer Energie schneller (siehe blaue Punkte in Abb. A.5).

- Dort wo der Schnittpunkt der Strahlen minimal ist, sollte der Intensitätspeak am höchsten sein.

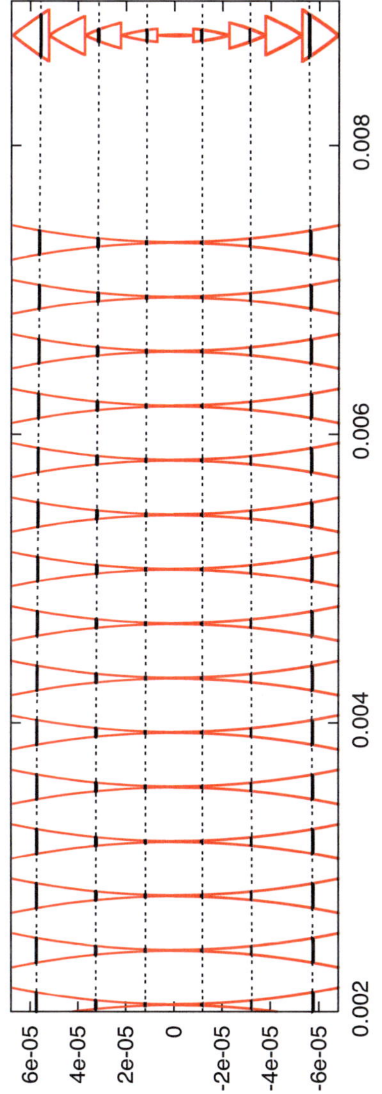

Abbildung A.1.: Der Strahlenverlauf durch einige bikonkave SU-8 Linsen und eine Nickelfresnellinse.

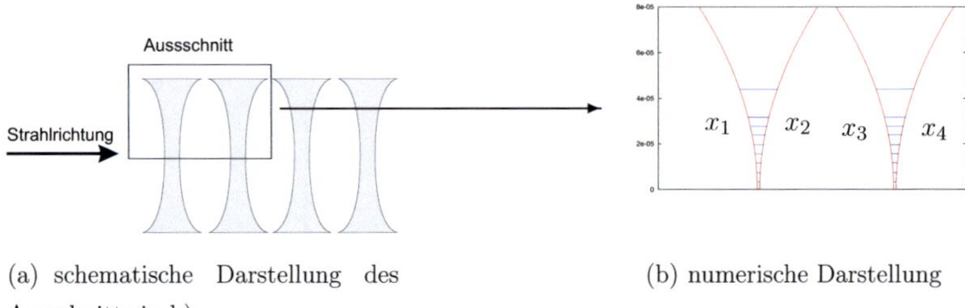

(a) schematische Darstellung des
Ausschnitts in b)

(b) numerische Darstellung

Abbildung A.2.: Beispielhaft sind einige Strahlen bei ihrem Lauf durch zwei der über
20 bikonkaven Linsen dargestellt. Die Schnittpunkte $(x_1, x_2, x_3, x_4))$
mit den Linsenoberflächen werden im Programm berechnet und ausgegeben, so kann das Ergebnis auf Plausibiliät geprüft werden.

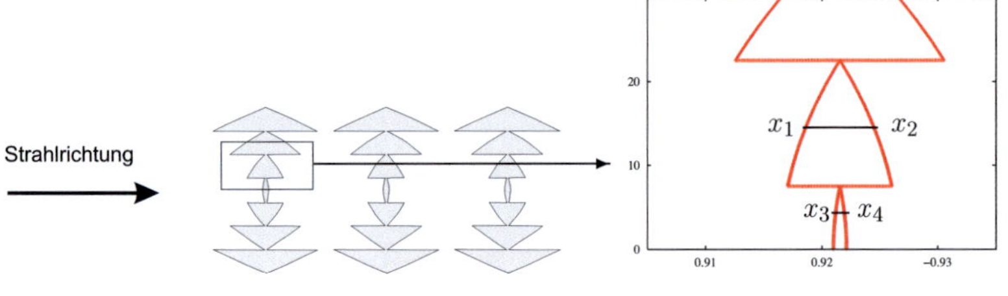

(a) schematische Darstellung des Ausschnitts in b)

(b) numerische Darstellung

Abbildung A.3.: Beispielhaft sind einige Strahlen bei ihrem Lauf durch eine Fresnellinse dargestellt. Die Schnittpunkte $(x_1, x_2, x_3, x_4))$ mit den Linsenoberflächen werden im Programm berechnet und ausgegeben, so
kann das Ergebnis auf Plausibiliät geprüft werden.

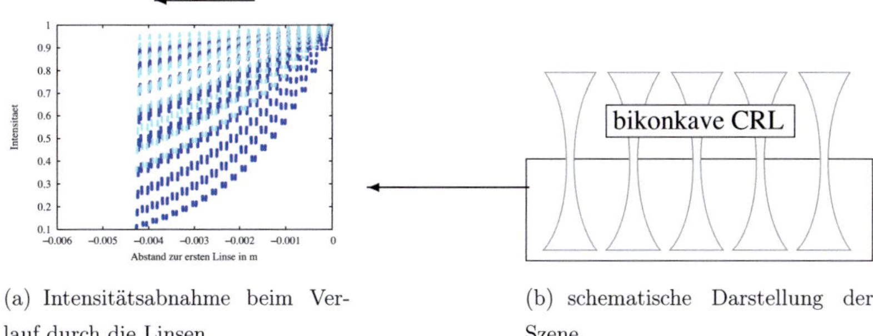

(a) Intensitätsabnahme beim Verlauf durch die Linsen

(b) schematische Darstellung der Szene.

Abbildung A.4.: Intensitätsabnahme beim Verlauf durch die bikonkaven Linsen. Der Pfeil stellt die Strahlrichtung dar. Rechts ist die erste Linse, hier starten die Strahlen mit voller Intensität. Nach links gehend sieht man eine klare Abnahme der Intensität mit steigender Linsenanzahl. Die Strahlen mit gerinerer Energie (blau) haben einen stärkeren Absorptionskoeffizienten, deshalb nimmt die Intensität hier schneller ab.

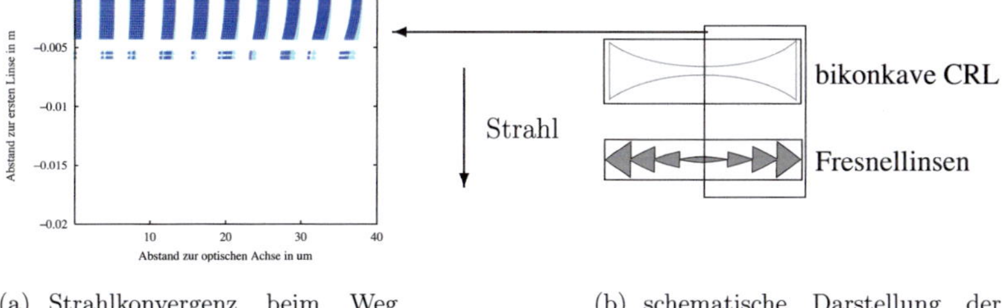

(a) Strahlkonvergenz beim Weg durch die Linsen

(b) schematische Darstellung der Szene.

Abbildung A.5.: Strahlkonvergenz beim Weg durch das achromatische Linsensystem. Der Pfeil stellt die Strahlrichtung dar. Die Konvergenz der Strahlen beim Lauf durch die bikonkaven Linsen und die leichte Unterbrechung durch die Fresnellinsen ist gut sichtbar. Die Strahlen mit geringerer Energie (blau) haben ein größeres Brechzahldekrement und werden deshalb stärker gebrochen.

A.2. Auswirkungen der Quellgröße

Um die Auswirkung der relativ großen Quelle auf den Fokalfleck zu untersuchen, wurden verschiedene Quellgrößen miteinander verglichen. Dafür wurden für die ausgedehnten Quellen und für die Punktquelle ungefähr die gleichen Strahlanzahlen verwendet und durch ein achromatisches System geschickt. Es zeigt sich eindeutig, dass mit steigender Quellgröße der Peak kleiner wird und die Hintergrundsstrahlung zunimmt. Die starke Untergrundsstrahlung, die bei den übrigen Abbildungen beobachtet werden kann, hat also seine Ursache unter anderem auch in der Quellgröße.

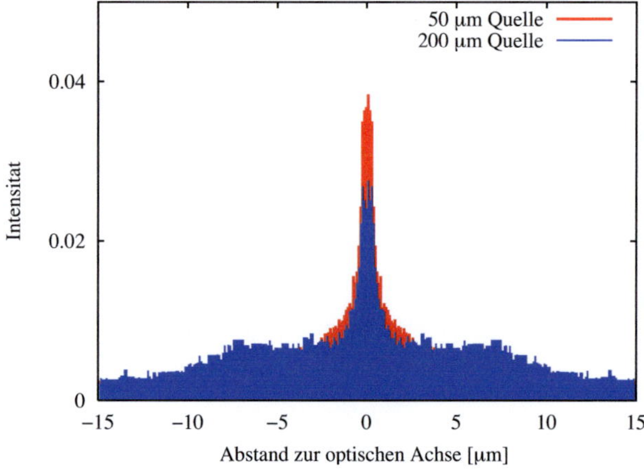

Abbildung A.6.: Eine $50\,\mu$m mit einer $200\,\mu$m Quelle im direkten Vergleich.

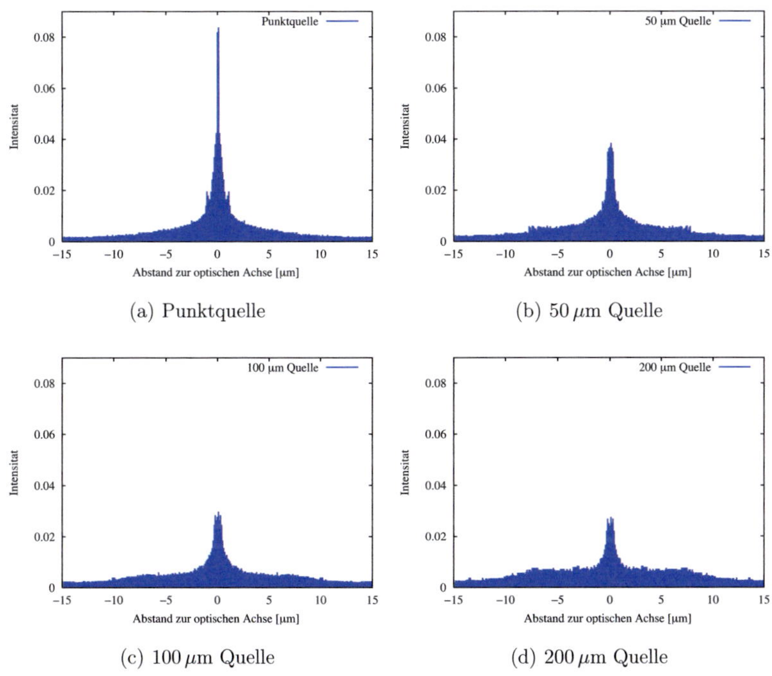

(a) Punktquelle

(b) 50 μm Quelle

(c) 100 μm Quelle

(d) 200 μm Quelle

Abbildung A.7.: Verschiedene Quellgrößen im Vergleich.

Literaturverzeichnis

[1] V. V. Aristov, V. V. Starkov, L. G. Shabel'nikov, S. M. Kuznetsov, A. P. Ushakova, M. V. Grigoriev, and V. M. Tseitlin, *Short-focus silicon parabolic lenses for hard X-rays*, Opt. Comm. **161**, 203–208 (1999).

[2] V. Aristov, M. Grigoriev, S. Kuznetsov, L. Shabelnikov, V. Yunkin, M. Hoffmann, and E. Voges, *X-ray focusing by planar parabolic refractive lenses made of silicon*, Opt. Comm. **177**, 33–38 (2000).

[3] V. Aristov, M. Grigoriev, S. Kuznetsov, L. Shabelnikov, V. Yunkin, T. Weitkamp, C. Rau, I. Snigireva, A. Snigirev, M. Hoffmann, and E. Voges, *X-ray refractive planar lens with minimized absorption*, Appl. Phys. Lett. **77**, 4058–4060 (2000).

[4] W. Bacher, R. Ruprecht, A. Michaelis, J. W. Schultze, and A. Thies, Dechema-Monogaphienband 125; VCH Verlagsgesellschaft, 459 (1992).

[5] W. Bacher, K. Bade, B. Matthis, M. Saumer, and R. Schwarz, *Fabrication of LIGA mold inserts*, Microsystem Technologies **4**, 117-119 (1998).

[6] H. R. Beguiristain, J. T. Cremer, M. A. Piestrup, C. K. Gary, and R. H. Pantell, *X-ray focusing with compound lenses made from Beryllium*, Opt. Lett. **27**, 778–780 (2002).

[7] M. Berger, J. Hubbel, S. Seltzer, J. S. Coursey, and D. S. Zucker, *XCOM: Photon Cross Section Database*; URL `http://physics.nist.gov/PhysREfData/Xcom/Text/XCOM.html` .

[8] M. Born, *Optik*, Springer-Verlag (1972) .

[9] B. Cederström, R. N. Cahn, M. Danielsson, M. Lundqvist, and D. R. Nygren, *Focusing hard X-rays with old LPs*, Nature **404**, 951 (2000).

[10] B. Cederström, M. Lundqvist, and C. Ribbing, *Multi-Prism X-ray lens*, Appl. Phys. Lett. **81**, 1399 (2002).

[11] B. Cederström, M. Lundqvist, and C. Ribbing, *Generalized prism-array lenses for hard X-rays*, J. Synchrotron Rad. **12**, 340–344 (2005).

[12] H. Chen, R. G. Downing, D. F. R. Mildner, W. M. Gibson, M. A. Kumakhov, I. Yu. Ponomarev, and M. V. Gubarev, *Guiding and focussing neutron beams using capillary optics*, Nature **357**, 391 (1992).

[13] Data taken from *Center for X-ray Optics*; URL `http://henke.lbl.gov/optical_constants` .

[14] L. De Caro and W. Jark, *Diffraction theory applied to X-ray imaging with clessidra prism array lenses*, J. Synchrotron Rad. **15**, 176–184 (2008).

[15] K. Evans-Lutterodt, J. Ablett, A. Stein, C.-C. Kao, D. Tennant, F. Klemens, A. Taylor, C. Jacobsen, P. Gammel, H. Huggins, G. Bogart, S. Ustin, and L. Ocola, *Single-element elliptical hard X-ray micro-optics*, Opt. Express **11**, 919–926 (2003).

[16] W. Jark, F. Pérennés, M. Matteucci, L. Mancini, F. Montanari, L. Rigon, G. Tromba, A. Somogyi, R. Tucoulou, and S. Bohic, *Focusing X-rays with simple arrays of prism-like structures*, J. Synchrotron Rad. **11**, 248–253 (2004).

[17] W. Jark, F. Pérennés, and M. Matteucci, *On the feasibility of large-aperture Fresnel lenses for the microfocusing of hard X-rays*, J. Synchrotron Rad. **13**, 239–252 (2006).

[18] W. Jark, M. Matteucci, R. H. Menk, L. Rigon, and L. De Caro, *The role of spatial coherence, diffraction and refraction in the focussing of X-rays with prism arrays of the Clessidra type*, Proceedings of SPIE **7077**, X771 (2008).

[19] W. Jark, *private communication*, (2008).

[20] P. Kirckpatrick and A. V. Baez, *Formation of Optical Images by X-Rays*, Journal of the Optical Society of America **38**, 766-774 (1948).

[21] A. Khounsary, E. M. Dufresne, K. Young, C. M. Kewish, and A. N. Jansen, *Beryllium and lithium X-ray lenses at the APS*, Proceedings of SPIE **6317**, 766-774 (2006).

[22] M. A. Kumakhov and V. A. Sharov, *A neutron lens*, Nature **357**, 390-391 (1992).

[23] B. Lengeler: European Synchrotron Radiation Facility ESRF, Grenoble; in: 27. IFF-Ferienkurs: Streumethoden zur Untersuchung Kondensierter Materie ; pp. B1.1 – B1.44; Forschungszentrum J?ulich GmbH, 1996

[24] B. Lengeler, J. Tuemmler, A. Snigirev, I. Snigireva, and C. Raven, *Transmission and gain of singly and doubly focusing refractive X-ray lenses*, J. Appl. Phys. **84**, 5855–5861 (1998).

[25] B. Lengeler, C. Schroer, J. Tuemmler, B. Benner, M. Richwin, A. Snigirev, I. Snigireva, and M. Drakopoulos, *Imaging by parabolic refractive lenses in the hard X-ray range*, J. Synchrotron Rad. **6**, 1153–1167 (1999).

[26] B. Lengeler, C. Schroer, B. Benner, T. Guenzler, M. Kuhlmann, J. Tuemmler, A. Simionovici, M. Drakopoulos, A. Snigirev, and I. Snigireva, *Parabolic refractive X-ray lenses: a breakthrough in X-ray optics*, Nuclear Instruments and Methods in Physics Research Section A: Accelerators, Spectrometers, Detectors and Associated Equipment **467-468**, 944–950 (2001).

[27] B. Lengeler, C. Schroer, B. Benner, A. Gerhardus, T. Guenzler, M. Kuhlmann, J. Meyer, and C. Zimprich, *Parabolic refractive X-ray lenses*, J. Synchrotron Rad. **9**, 119–124 (2002).

[28] B. Loechel, M. Bednarzik, und C. Waberski, *Anwendung des Direkt-LIGA-Verfahrens zur Herstellung von Mikrostrukturen mit hohem Aspektverhältnis*, Galvanotechnik, 2816–2822 (2007).

[29] C.A. MacDonald and W.M. Gibson *Application and advances in polycaplillary optics*, X-ray Spectrometry **32**, 258-268 (2003).

[30] S. Matsuyama, H. Mimura, H. Yumoto, Y. Sano, K. Yamamura, M. Yabashi, Y. Nishino, K. Tamasaku, T. Ishikawa, and K. Yamauchi, *Development of scanning X-ray fluorescence microscope with spatial resolution of 30 nm using Kirkpatrick-Baez mirror optics*, Rev. Sci. Instrum. **77**, 103102 (2006).

[31] A. G. Michette, *No X-ray lens*, Nature **353**, 510 (1991).

[32] C. Morawe, J.-C. Peffen, E. Ziegler, and A. K. Freund, *High-resolution multilayer X-ray optics*, Proceedings of SPIE **4145**, 61 (2001).

[33] W. Menz, J. Mohr, and O. Paul, *Mikrosystemtechnik für Ingenieure*, Wiley-VCH (2005).

[34] V. Nazmov, E. Reznikova, S. Achenbach, M. Börner, und J. Mohr, *Refraktive Röntgenlinsen in Polymer nach dem LIGA-Verfahren*, FZKA-Bericht **6990**, 231–232 (2004).

[35] V. Nazmov, E. Reznikova, J. Mohr, A. Snigirev, I. Snigireva, S. Achenbach, and V. Saile, *Fabrication and preliminary testing of X-ray lenses in thick SU-8 resist layers*, Microsystem Technologies **10**, 716–721 (2004).

[36] V. Nazmov, E. Reznikova, M. Boerner, J. Mohr, V. Saile, A. Snigirev, I. Snigireva, M. DiMichiel, M. Drakopoulos, R. Simon, and M. Grigoriev, *Refractive lenses fabricated by deep sr lithography and LIGA technology for X-ray energies from*

1 kev to 1 Mev, Synchrotron Radiation Instrumentation: Eighth International Conference on Synchrotron Radiation Instrumentation **705**, 752–755 (2004).

[37] V. Nazmov, E. Reznikova, A. Somogyi, J. Mohr, and V. Saile, *Planar sets of cross X-ray refractive lenses from SU-8 polymer*, Design and Microfabrication of Novel X-Ray Optics II **5539**, 235–243 (2004).

[38] V. Nazmov, L. Shabel'nikov, F.-J. Pantenburg, J. Mohr, E. Reznikova, A. Snigirev, I. Snigireva, S. Kouznetsov, and M. DiMichiel, *Kinoform X-ray lens creation in polymer materials by deep X-ray lithography*, Nuclear Instruments and Methods in Physics Research B **217**, 409–416 (2004).

[39] V. Nazmov, E. Reznikova, A. Snigirev, I. Snigireva, M. DiMichiel, M. Grigoriev, J. Mohr, B. Matthis, and V. Saile, *LIGA fabrication of X-ray nickel lenses*, Microsystem Technologies **11**, 292–297 (2005).

[40] V. Nazmov, *private communication*.

[41] B. Niemann, D. Rudolph, G. Schmahl *Soft X-ray Imaging zone plates with large zone numbers for microscopic and spectroscopic applications*, Optics Communications **12**, 160–163 (1974).

[42] F. Pérennés, M. Matteucci, W. Jark, and B. Marmiroli, *Fabrication of refractive X-ray focussing lenses by deep X-ray lithography*, Microelectronic Engineering **78–79**, 79–87 (2005).

[43] hergestellt durch E. Reznikova, (2008).

[44] C. W. Röntgen, *Über eine neue Art von Strahlen*, Annalen der Physik und Chemie **64**, 1–11 (1898).

[45] C. Schroer, M. Kuhlmann, B. Lengeler, T. Guenzler, O. Kurapova, B. Benner, C. Rau, A. Simionovici, A. Snigirev, and I. Snigireva, *Beryllium parabolic refractive X-ray lenses*, Design and Microfabrication of Novel X-Ray Optics **4783**, 10–18 (2002).

[46] C. Schroer, M. Kuhlmann, U. T. Hunger, T. F. Günzler, O. Kurapova, S. Feste, F. Frehse, B. Lengeler, M. Drakopoulos, A. Somogyi, A. Simionovici, A. Snigirev, I. Snigireva, C. Schug, W. H. Schröder, *Nanofocusing parabolic refractive X-ray lenses*, Appl. Phys. Lett. **82**, 1485–1487 (2003).

[47] C. Schroer: Hard X-Ray Microscopy and Microanalysis with Refractive X-Ray Lenses ; RWTH Aachen University; Department of Physics; Habilitation (2004).

[48] M. Simon, E. Reznikova, V. Nazmov, M. Umbach, and A. Last, *Testing of X-ray prism lenses*, Proceedings of SPIE **7100**, 10025 (2008).

[49] G. K. Skinner, *Diffractive-refractive optics for high energy astronomy. I. Gamma-ray phase Fresnel lenses*, Astronomy and Astrophysics **375**, 691–700 (2001).

[50] G. K. Skinner, *Diffractive-refractive optics for high energy astronomy. II. Variations on the theme*, Astronomy and Astrophysics **383**, 352–359 (2002).

[51] G. K. Skinner, *Design and imaging performance of achromatic diffractive-refractive x-ray and gamma-ray Fresnel lenses*, Applied Optics **43**, 4845–4853 (2004).

[52] R. Smither, A. Khounsary, and S. Xu, *Potential of a Beryllium X-ray lens*, High Heat Flux and Synchrotron Radiation Beamlines **3151**, 150–163 (1997).

[53] A. Snigirev, V. Kohn, I. Snigireva, and B. Lengeler, *A compound refractive lens for focusing high-energy X-rays*, Nature **384**, 49–51 (1996).

[54] I. Snigireva, A. Snigirev, C. Rau, T. Weitkamp, V. Aristov, M. Grigoriev, S. Kuznetsov, L. Shabelnikov, V. Yunkin, M. Hoffmann, and E. Voges, *Holographic X-ray optical elements: transition between refraction and diffraction*, J. Synchrotron Rad. **11**, 248–253 (2004).

[55] A. Snigirev, I. Snigireva, M. DiMichiel, V. Honkimaki, M. Grigoriev, V. Nazmov, E. Reznikova, J. Mohr, and V. Saile, *Sub-micron focussing of high energy X-rays with Ni refractive lenses*, Proceedings of SPIE **5539**, 244–250 (2004).

[56] Synchrotron SOLEIL, Copyright: EPSIM / SOLEIL, verfügbar z.B. unter `http://www.spectrosciences.com/IMG/jpg/Image2.jpg`

[57] J. W. Strutt (Baron Rayleigh), Scientific Papers, Cambridge University Press **3** (1902).

[58] S. Suehiro, H. Miyaji, and H. Hayashi, *Refractive lens for X-ray focus*, Nature **352**, 385–386 (1991).

[59] T. Tomie, *X-ray lens*, Japanese patent 6 045288 (1994).

[60] M. Umbach, V. Nazmov, M. Simon, A. Last, and V. Saile, *Numerical simulations of achromatic X-ray lenses*, Proceedings of SPIE **7077**, G770 (2008).

[61] M. Umbach, V. Nazmov, M. Simon, A. Last, and V. Saile, *Achromatic X-ray focusing using diffractive and refractive elements*, Proceedings of SPIE **7100**, U1001 (2008).

[62] M. Umbach, E. Reznikova, V. Nazmov, and J. Mathuni, *Manufacturing of combined high aspect ratio microstructures*, Abstract accepted at HARMST 2009.

[63] L. Wang, B. K. Rath, W. M Gibbson, J. C Kimball, and C. A. MacDonald, *Performance study of polycapillary optics for hard x-rays*, J. of Appl. Physics **80**, 3628-3638 (1996).

[64] Y. Wang, W. Yun, and C. Jacobsen, *Achromatic Fresnel optics for wideband extreme-ultraviolet and X-ray imaging*, Nature **424**, 50–53 (2003).

[65] R. W. Wood, *Phase Reversal Zone Plate and Diffraction Telescope*, Philosophical Magazine, Fifth Series **45**, 511–523 (1898).

[66] Xradia zone plate ZP100-160-16, see also
http://xradia.com/Products/zoneplates.html.

[67] B. X. Yang, *Fresnel and refractive lenses for X-rays*, Nuclear Instruments and
Methods in Physics Research A **328**, 578–587 (1993).

[68] W. Yun, B. Lai, Z. Cai, J. Maser, D. Legnini, E. Gluskin, Z. Chen, A. A. Krasn-
operova, Y. Vladimirsky, F. Cerrina, E. Di Fabrizio, and M. Gentili, *Nanometer
focusing of hard X-rays by phase zone plates*, Review of Scientific Instruments
70, 2238–2241 (1999).

[69] E. Ziegler, C. Morawe, I. Kozhevnikov, T. Bigault, C. Ferrero, and A. Tallan-
dier, *Wideband multilayer mirrors for medium to hard X-ray applications*, Proceedings of SPIE **4782**, 169 (2002).

Danksagung

An dieser Stelle möchte ich mich bei all denen bedanken, die zum Abschluss dieser Arbeit beigetragen haben.

Hier ist zuallererst Prof. Saile zu nennen, der mir dieses interessante Projekt ermöglicht hat. Er hatte immer ein offenes Ohr für mich. Dafür, dass er mich in den wichtigen Augenblicken unterstützt hat, bin ich ihm besonders dankbar.

Großer Dank gilt auch Prof. Lemmer für die Bereitschaft trotz des knappen Zeitfensters das Korreferat für diese Arbeit zu übernehmen.

Ein besonderes Wort des Dankes möchte ich an Herrn Dr. Mohr richten, für die Übernahme der Betreuung am Anfang diesen Jahres und seinen großen Einsatz bei der Fertigstellung der Arbeit.

Mein Dank für die hilfreiche Unterstützung vor allem beim experimentellen Teil der Arbeit geht an Dr. Vladimir Nazmov. Durch seine große Hilfe und die stete Diskussionsbereitschaft konnte auch der experimentelle Teil beendet werden. Bei Dr. Arndt Last möchte ich mich für die Betreuung der Arbeit und bei den übrigen Mitgliedern der Gruppe Röntgenlinsen (Elena Reznikova, Markus Simon und Berthold Krevet) für die nette Atmosphäre bedanken.

Bei zahlreichen Kollegen (darunter vor allem Barbara Matthis, Marie-Kristin Nees, Uwe Köhler, Manuel Berger und Martin Börner) möchte ich mich für die Hilfe bei herstellungsbedingten Fragestellungen und vor allem die sehr angenehmen Zusammenarbeit bedanken.

Besonders danken möchte ich Georg Obermaier für die immer gute Laune in unserem Büro und die abwechslungsreichen Gespräche neben der Arbeit während unserer gemeinsamen Zeit am IMT.

Der größte Dank kommt allerdings meiner Familie zu, die mir jeden Tag aufs Neue Kraft und Mut gegeben hat die Arbeit zu beenden und mich in jeder Hinsicht bei allen meinen Entscheidungen unterstützt und gestärkt hat. Deshalb vielen Dank Stephan und Magdalena, vielen Dank Papa und Mama, ohne Euch hätte ich niemals ein Licht am Ende der Doktorarbeit gesehen.